GÉODÉSIE PRATIQUE

OU

L'ART DE DIVISER LES TERRES,

PRÉCÉDÉ

d'un Traité sur le Calcul des Surfaces planes, et suivi d'un
Précis sur la Cubature des Solides,

AVEC DIVERSES APPLICATIONS

sur le tirage des bois équarris et en grume, des pierres de taille,
des maçonneries, des terrains en déblai et en remblai,
et sur le jaugeage des tonneaux;

PAR Th.-J. CORNÉCHÉ,

Ancien Géomètre du Cadastre, auteur d'un Traité d'Arpentage.

PARIS.

OUVRAGE COMPLET

DE

GÉODÉSIE PRATIQUE.

OUVRAGE COMPLET

DE

GÉODÉSIE PRATIQUE

OU

L'ART DE DIVISER LES TERRES,

PRÉCÉDÉ

d'un Traité sur le Calcul des Surfaces planes, et suivi d'un
Précis sur la Cubature des Solides,

AVEC DIVERSES APPLICATIONS

sur le Métrage des bois équarris et en grume, des pierres de taille,
des maçonneries, des terrains en déblai et en remblai,
et sur le Jaugeage des tonneaux ;

PAR Th.-J. CORNUCHÉ,

Ancien Géomètre du Cadastre, auteur d'un Traité d'Agriculture.

PARIS.

SE VEND CHEZ L'AUTEUR, RUE DE SÈVRES, 101,

A VAUGIRARD (Paris).

—

1857

PRÉFACE.

De tous les ouvrages de géodésie qui ont paru jusqu'à ce jour, *aucun n'a été mis à la portée de tout le monde :* ils renferment des considérations scientifiques trop élevées et des développements trop étendus pour être facilement compris par les personnes qui n'ont pas fait un cours spécial de mathématiques.

Il s'ensuit qu'on abandonne l'étude des connaissances géodésiques pour tomber dans le tâtonnement et la routine. Cette manière d'opérer, qui ne repose sur aucun principe, donne toujours lieu à des erreurs qui deviennent la source de contestations et de procès.

Ce mode de procéder, si peu en harmonie avec le développement de l'instruction et l'impulsion donnée partout au progrès, m'inspira la pensée de publier ce Traité de Géodésie, *ouvrage entièrement pratique*, auquel je me suis attaché à donner la plus grande clarté en le dégageant de toute *formule algébrique, de toute théorie savante, de toute démonstration étendue*, connaissances élevées qui exigent des études auxquelles peu de personnes peuvent consacrer le temps nécessaire.

En offrant aujourd'hui ce livre au public, j'ai la confiance que chacun y trouvera une page utile, et que les moyens *faciles et prompts* qui y sont indiqués pour effectuer le partage des terres, lèveront les difficultés que Messieurs les Géomètres pourraient quelquefois rencontrer dans leurs opérations, et faciliteront l'intelligence de la théorie à ceux d'entre eux qui voudraient faire des études plus approfondies.

Messieurs les Instituteurs y trouveront aussi les mêmes avantages pour l'instruction de leurs élèves, qui ne peuvent sacrifier à l'étude des théories le *très-peu de temps* que leur laissent la culture et les travaux des campagnes.

Cet ouvrage est divisé en deux parties :

La première traite des opérations graphiques ;

La seconde comprend l'application des mesures naturelles.

Pour qu'on puisse suivre facilement et

avec fruit l'explication de chaque problème, j'ai placé en regard du texte la figure qui lui appartient.

Enfin, pour compléter cet ouvrage, je l'ai fait précéder d'un *Traité sur la Mesure des Surfaces*, et suivre d'un *Précis sur la Cubature des Solides*.

Mon but a été de faire un livre utile : heureux si j'ai pu y réussir.

GÉODÉSIE PRATIQUE.

SIGNES D'ABRÉVIATION
EMPLOYÉS DANS CET OUVRAGE.

On se sert du signe $+$ pour indiquer l'addition, on l'appelle Plus

du signe $-$ pour indiquer la soustraction, on l'appelle Moins

du signe $\times$ pour indiquer la multiplication, il signifie Multiplié par

du signe $\frac{2}{1}$ pour indiquer que deux quantités doivent être divisées

l'une par l'autre, et signifie 2 divisé par 1

du signe $=$ pour indiquer l'égalité : ainsi $A = B$ s'exprime A égale B

du signe $:$ pour indiquer une proportion, il signifie est à

du signe $::$ ———————————————— il signifie comme

du signe $\sqrt{\ }$ pour indiquer une racine, on l'appelle Radical

On désigne par $\overline{AB}^2$ la deuxième puissance de AB

Planche 1ère.

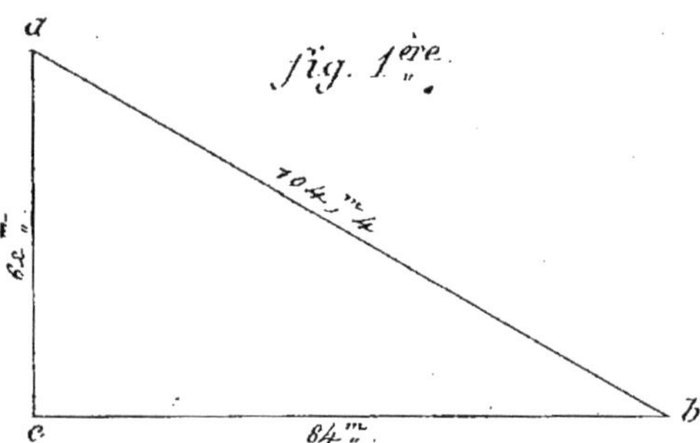

NOTIONS PRÉLIMINAIRES.

Le carré de l'hypoténuse étant d'une nécessité indispensable dans la pratique de l'arpentage, je crois utile d'en donner ici quelques applications.

Quiconque possède les premières notions de géométrie sait que le carré fait sur l'hypoténuse d'un triangle rectangle est égal à la somme des carrés faits sur les deux autres côtés, d'où il résulte que le carré d'un des côtés de l'angle droit est équivalent au carré de l'hypoténuse, moins le carré de l'autre côté, de sorte que lorsqu'on connaît deux côtés d'un triangle rectangle, il est facile d'en déduire le troisième.

Première application.

Connaissant dans le triangle *abc* (fig. 1re) le côté *cb* de 84^m et le côté *ac* de 62^m, on connaîtra l'hypoténuse *ab* en faisant la somme 10900 des carrés *ac* = 3844 et *cb* = 7056, et en extrayant la racine carrée 104,4 de cette somme : cette racine exprimera la valeur de l'hypoténuse *ab*.

Si l'on donnait l'hypoténuse 104,4 et l'un des

côtés *ac*, par exemple, et qu'on demandât la valeur de l'autre côté *cb*, alors de 10900, carré de l'hypoténuse, on retrancherait 3844, carré de *ac*, et l'on extrairait la racine carrée 84 de leur différence 7056 : cette racine serait l'expression de la valeur de *cb*.

Deuxième application.

Soit à mesurer le triangle A B C (fig. 2), dans lequel se trouve un étang au-dessus duquel on peut abaisser une perpendiculaire, mais qui ne peut être mesurée.

Après avoir déterminé sur la base BC le point D où doit aboutir la perpendiculaire AD, et avoir mesuré les distances $AB = 120^m$ et $BD = 52^m$, je fais la différence des carrés de $AB = 14400$ et $BD = 2704$, et de leur différence 11696 j'extrais la racine carrée 108,1 : cette racine est la valeur de la perpendiculaire A D.

fig. 2.

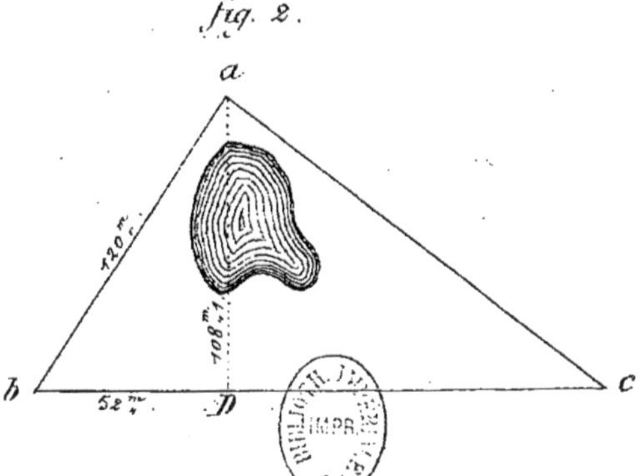

Pl. 3.

fig. 1ère.
a
90.m
b
96.m
D
c

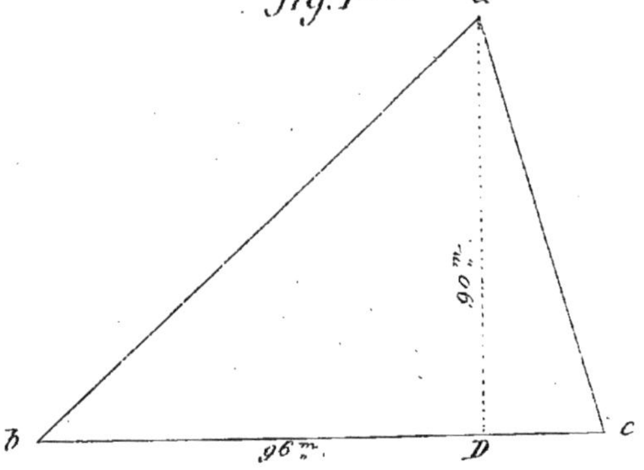

fig. 2.
a
90.m
b
96.m
c
d

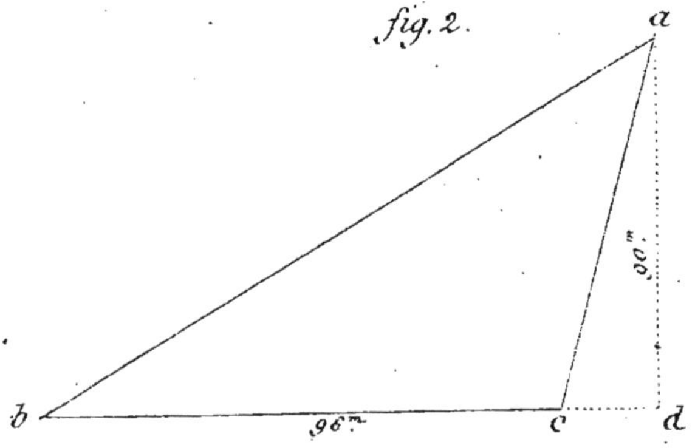

MESURE DES SURFACES PLANES.

SURFACES DES POLYGONES.

DU TRIANGLE.

Un triangle quelconque a pour surface le demi-produit de sa base par sa hauteur.

Application.

La surface du triangle A B C (fig. 1re) de 96^m de base et de 90^m de hauteur $= \dfrac{96 \times 90}{2} = 43^a,20$.

Remarque. Si la perpendiculaire A D tombait en dehors du triangle A B C (fig. 2), c'est-à-dire sur le prolongement du côté B C, cela ne changerait rien à la manière d'opérer : on aurait toujours $\dfrac{96 \times 90}{2} = 43^a,20$.

Si le triangle à mesurer était un bois, une vigne, ou tout autre terrain dans lequel on ne pourrait élever une perpendiculaire qu'au préjudice de la propriété, on en obtiendrait la surface par le procédé suivant (fig. 3) :

Après avoir mesuré séparément chacun des trois côtés 50^m, 72^m, 88^m, on fera leur somme 210^m, de laquelle on les retranchera successivement, ce qui donnera 160^m, 138^m, 122^m ; on multipliera ensuite ces trois quantités l'une par l'autre, et leur produit 2693760^m par la moitié de la somme des trois côtés, ou 105^m ; on extraira la racine carrée du produit total 282844800, ce qui donnera 1681^m carrés ou 16^a,81 pour la surface du triangle proposé.

Opération.

$$50 + 72 + 88 = 210$$
$$210 - 50 = 160$$
$$210 - 72 = 138$$
$$210 - 88 = 122$$

$160 \times 138 \times 122 = 269376 \times 105 = 282844800$ dont la racine carrée est 1681^m carrés ou 16^a,81.

DU CARRÉ.

La surface du carré est égale au produit de la longueur d'un côté par lui-même.

Application.

La surface du carré A B C D (fig. 4) de 82^m,20 de côté = 82^m,20 $\times$ 82^m,20 = 67^a,57.

fig. 3.

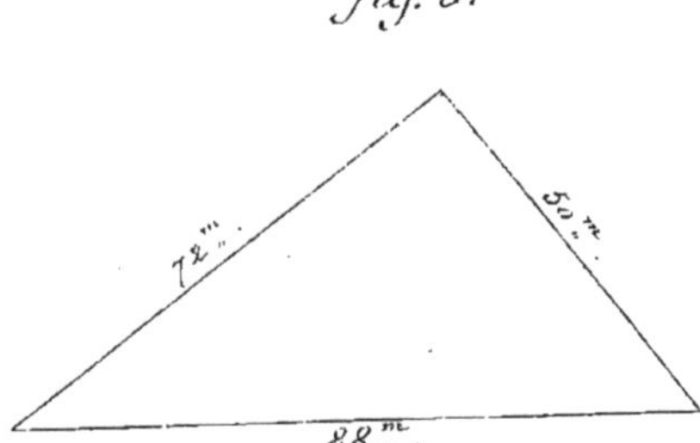

fig. 4.

fig. 5.

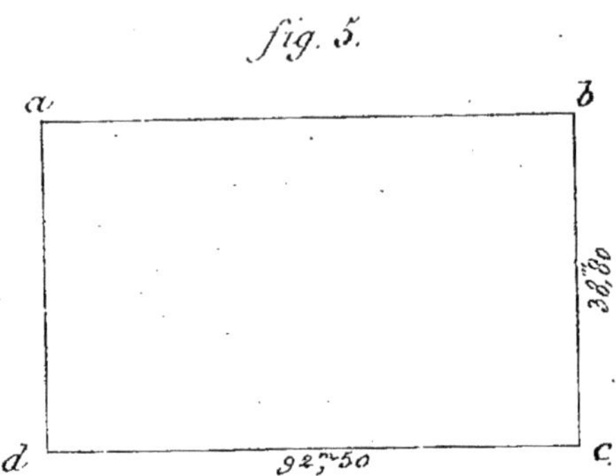

fig. 6.

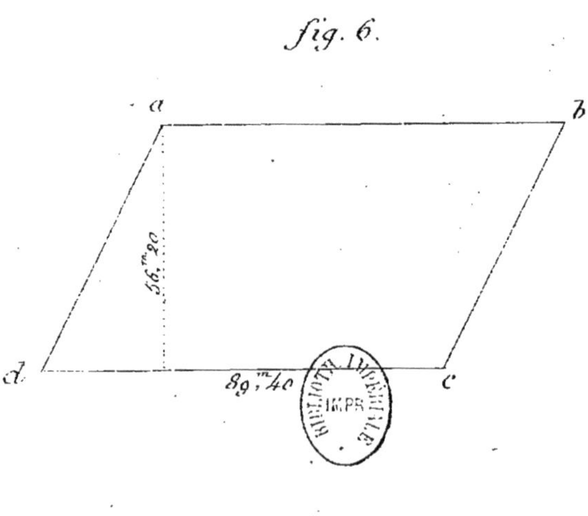

DU RECTANGLE.

La surface du rectangle est égale au produit de sa base par sa hauteur.

Application.

La surface du rectangle A B C D (fig. 5) de $92^m,50$ de base et de $58^m,80$ de hauteur

$$= 92^m,50 \times 58,80 = 54^a,39.$$

DU PARALLÉLOGRAMME.

La surface du parallélogramme s'obtient comme celle du rectangle, en multipliant la base par la hauteur.

Application.

La surface du parallélogramme A B C D (fig. 6) de 89,40 de base et de 56,20 de hauteur perpendiculaire à la base $= 89^m,40 \times 56,20 = 50^a,24.$

DU LOSANGE.

La surface du losange s'obtient comme celle du rectangle et du parallélogramme, en multipliant la longueur d'un des côtés pris pour base par la hauteur perpendiculaire à cette base, ou en d'au-

1.

tres termes, par la plus courte distance qui mesure deux côtés parallèles.

Application.

La surface du losange A B C D (fig. 7), de 92^m, 30 de côté et de 66^m,20 de hauteur

$$= 92^m,30 \times 66,20 = 61^a,10.$$

DU TRAPÈZE.

La surface du trapèze est égale à la moitié de la somme des deux bases parallèles, multipliée par la hauteur.

Application.

La surface du trapèze A B C D (fig. 8), dont les bases sont : l'une de 102^m,40; l'autre de 84^m,10 et la hauteur de 64^m,80

$$\frac{102,40 + 84,10}{2} \times 64^m,80 = 60^a,42.$$

DU PENTAGONE RÉGULIER.

La surface du pentagone régulier, et en général de tous les polygones réguliers, s'obtient en multipliant la longueur totale de leur contour ou périmètre par la moitié de l'apothème ou perpendiculaire abaissée du centre sur le milieu d'un de leurs côtés.

fig. 7.

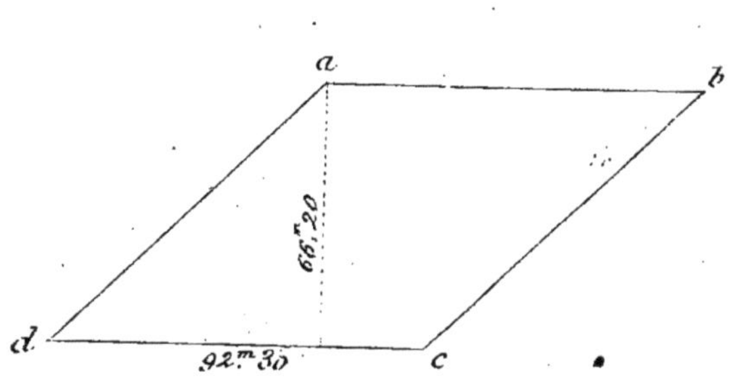

fig. 8.

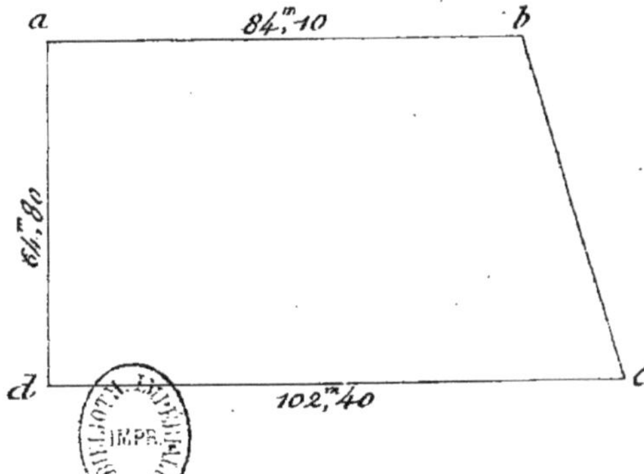

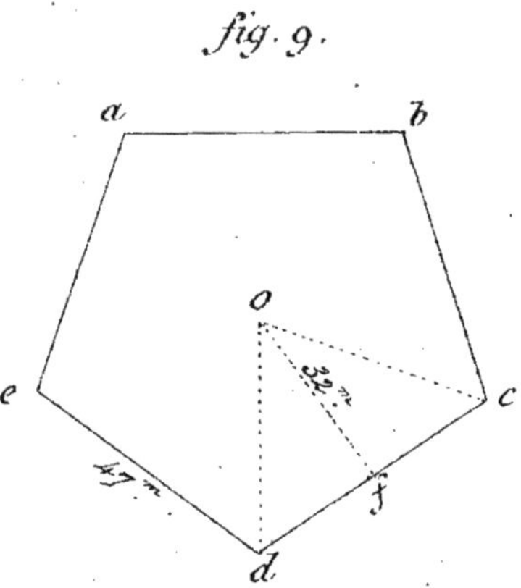

fig. 9.

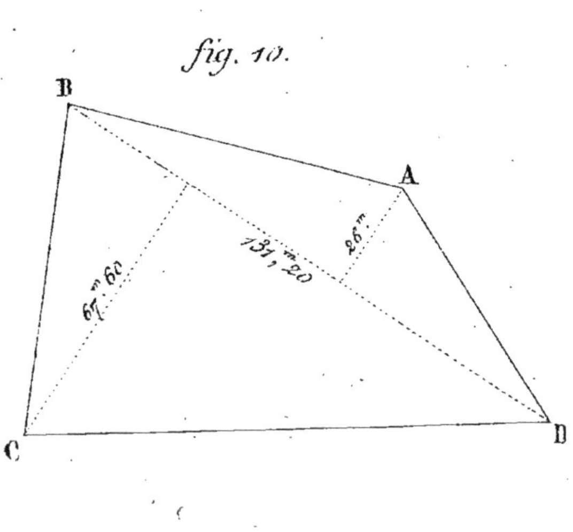

fig. 10.

Application.

La surface du pentagone régulier A B C D E (fig. 9), de 47^m de côté ou de 235^m de périmètre et de 32^m de perpendiculaire ou apothème O F $= 235^m \times 16^m = 37^a,60^c$.

DU QUADRILATÈRE IRRÉGULIER.

La surface du quadrilatère A B C D (fig. 10) étant égale à la surface des triangles B A D, B C D dont elle se compose, est donc égale à la longueur de la diagonale B D de 131^m,20 multipliée par la demi-hauteur de chacun des deux triangles, ou ce qui est la même chose, est égale à

$$131^m,20 \times \frac{67,60 + 26^m}{2} \text{ ou à } \frac{131^m,20 \times 93,60}{2} = 61^a,40.$$

DU PENTAGONE IRRÉGULIER.

La surface du pentagone irrégulier, comme celles de tous les polygones irréguliers, peut toujours être décomposée en triangles et en trapèzes au moyen de diagonales et de perpendiculaires. Si l'on détermine la surface de chaque figure en particulier, triangles et trapèzes, et qu'on fasse la somme totale des surfaces de toutes ces figures, on aura la surface du polygone donné.

Application.

La surface du pentagone irrégulier A B C D E (fig. 11) étant décomposée en quatre figures, trois triangles et un trapèze, il est évident que si j'évalue la surface de chacune de ces figures et que j'en fasse la somme, j'aurai celle du pentagone proposé.

$$\text{Le triangle } a = \frac{128 \times 46}{2} = 29^{\text{a}} \; 44^{\text{c}}$$

$$\text{Le triangle } b = \frac{19,20 \times 46,40}{2} = 4 \; 45$$

$$\text{Le triapèze } c = \frac{46,40 + 32,60}{2} \times 72 = 28 \; 44$$

$$\text{Le triangle } d = \frac{36,80 \times 32,60}{2} = 6 \; 00$$

$$\text{Total.....} \quad \overline{68^{\text{a}} \; 33^{\text{c}}},$$

surface du pentagone proposé.

Quelle serait la superficie d'un terrain ayant la forme A B C D E F G (fig. 12)?

Les procédés à suivre pour déterminer la surface du terrain proposé étant absolument les mêmes que ceux employés pour l'évaluation des polygones précédents, je me dispenserai de les répéter; j'effectuerai seulement les calculs.

fig. 11.

B
A
C
D
E
a
b
c
d
46.m
128.m
72.m
36.m80
19.20
46.40
32.60

fig. 12.

A
C
B
D
G
E
F
a
b
c
d
e
f
g
60.m80
42.m
47.m60
14.m
20.80
33.m
35.m
20.20
30.m
43.m
53.m
22.20
34.20
20.m

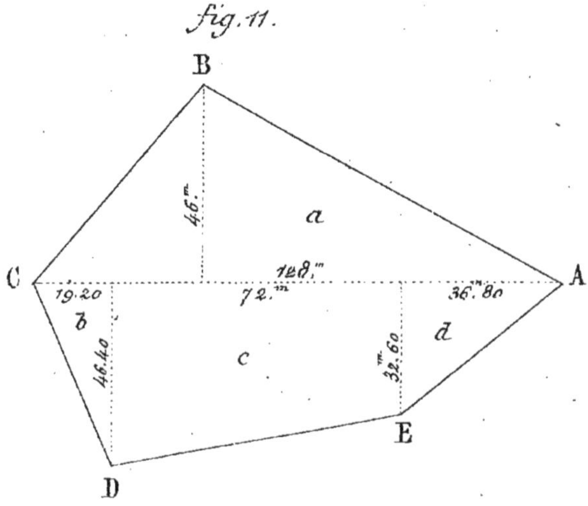

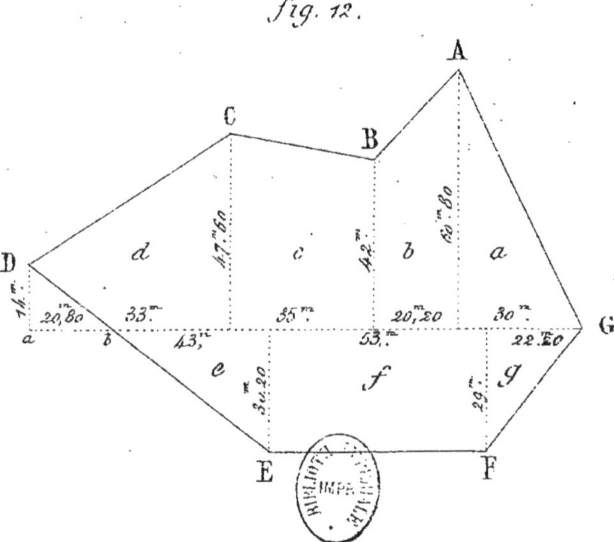

La surface :

du triangle $a = \dfrac{60,80 \times 30,00}{2}$ $= 9^a\ 12$

du trapèze $b = \dfrac{60,80 + 42,00}{2} \times 20,20 = 10\ \ 38$

du trapèze $c = \dfrac{42,00 + 47,60}{2} \times 35,00 = 15\ \ 68$

du trapèze $d = \dfrac{47,60 + 14,00}{2} \times 53,80 = 16\ \ 57$

du triangle $e = \dfrac{43,00 \times 30,20}{2}$ $= 6\ \ 49$

du trapèze $f = \dfrac{30,20 + 29,00}{2} \times 53$ $= 15\ \ 69$

du triangle $g = \dfrac{29 \times 22,20}{2}$ $= 3\ \ 21$

$$\text{Surface totale} \ldots \ldots \ 77^a\ 14^c$$

de laquelle il faut retrancher la surface
du triangle d'emprunt Dab de $\ldots \ldots$ $1\ \ 45$

Reste pour la surface du terrain proposé $75\ \ 69$

Soit proposé de déterminer la surface d'un terrain A limité d'un côté par un ravin formant une ligne brisée $abcde$ (fig. 13).

Après avoir mené les diagonales AB, BC et avoir

abaissé sur chacune d'elles, à tous les sommets d'angles les perpendiculaires DE, FG, etc., on opère comme il a été fait pour les polygones précédents, c'est-à-dire qu'on évalue séparément la surface de ces figures, et qu'on en fait la somme qui exprime la surface totale du polygone proposé.

Mais je laisse aux élèves arpenteurs le soin de coter eux-mêmes les distances laissées exprès en blanc, et d'évaluer ensuite la surface du polygone, pour les habituer à la pratique des opérations.

On propose de déterminer, au moyen de l'équerre seulement, la surface boisée du polygone ABCDEF (fig. 14).

Pour évaluer ces sortes de surfaces, on les enveloppe le plus ordinairement dans un rectangle; on détermine d'abord la surface de cette figure auxiliaire, de laquelle on retranche les triangles et les trapèzes qui ne constituent pas la surface proposée. La différence exprime celle du bois.

Application.

La longueur du rectangle auxiliaire étant de 148^m et la hauteur de $78^m,20$, sa surface sera de

fig. 13.

A
a
b
c
d
e
B
A
C
D
E
H
F
G

fig. 14.

32.20
B
78ᵐ
A
37.80
53ᵐ.20
3ℓᵐ
F
C
46ᵐ.20
25ᵐ
44ᵐ
54.40
10.8
E
49.60
D

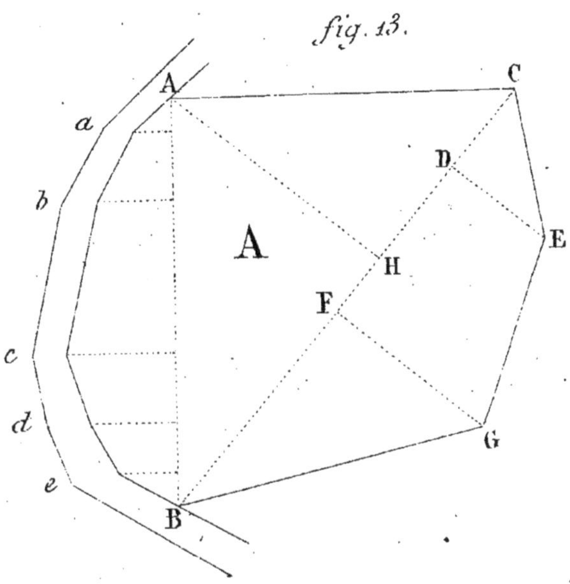

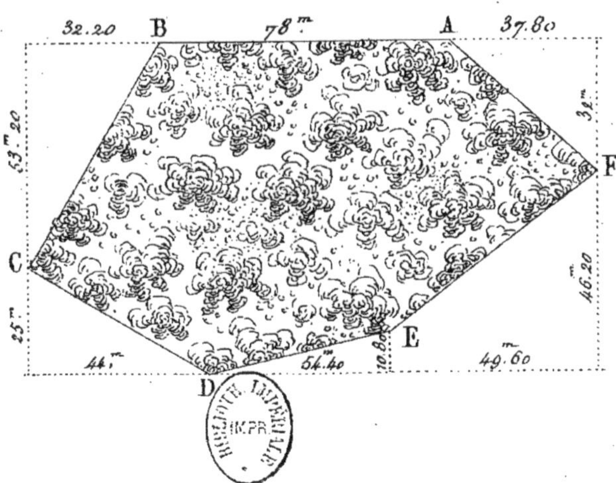

fig. 15.

$263^m,76$

O

$R = 42^m$

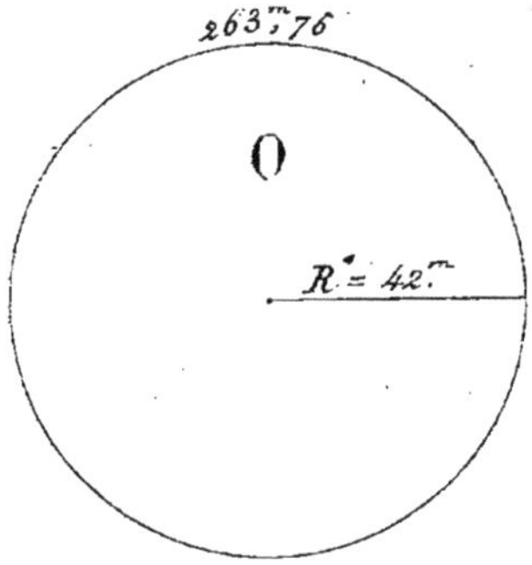

1ʰ 15ᵃ,74. Retranchant de cette quantité 37ᵃ,19, surface du trapèze et des quatre triangles auxiliaires, il restera 78ᵃ,55 pour la surface réelle du bois proposé.

DU CERCLE.

La surface du cercle est égale à la demi-circonférence multipliée par le rayon ; elle est encore égale au carré du rayon multiplié par 3, 14, rapport approché de la circonférence au diamètre.

Application.

La surface du cercle O (fig. 15), de 42ᵐ de rayon et par conséquent de 263ᵐ,76 de circonférence = 131ᵐ,88 × 42 = 55ᵃ,39. On obtient le même résultat en multipliant 1764, carré de 42, par 3,14. En effet, 1764 × 3,14 = 55ᵃ,39.

DU SECTEUR.

La surface du secteur a pour mesure le demi-produit de l'arc de cercle qui lui sert de base par le rayon de ce cercle.

Application.

L'angle du secteur A BC (fig. 16) étant de 64 degrés et le rayon du cercle de 40 mètres, pour connaître la longueur développée de l'arc CB, je multiplie 80^m, longueur du diamètre, par 3,14, rapport approché du diamètre à la circonférence, le résultat 251^m,20 est la longueur développée de la circonférence D CB; j'établis ensuite cette proportion :

$$360^o : 251^m,20 :: 64^o : x = 44^m,65$$

ce quatrième terme 44^{m}65^c est la longueur de l'arc; multipliant cette dernière quantité par 20^m moitié du rayon AB ou AC, j'obtiens pour la surface du secteur 8^a,93.

DU SEGMENT.

La surface du segment COB est la différence du triangle ABC au secteur ACOB; donc pour en avoir la surface j'évalue celle du secteur et j'en retranche celle du triangle (fig. 17).

Après avoir trouvé comme ci-dessus que la surface du secteur ACOB est de 8^a,93, et celle du triangle ABC de 6^a,89, celle du segment sera de 8^a,93 — 6^a,89, c'est-à-dire de 2^a,04.

fig. 16.

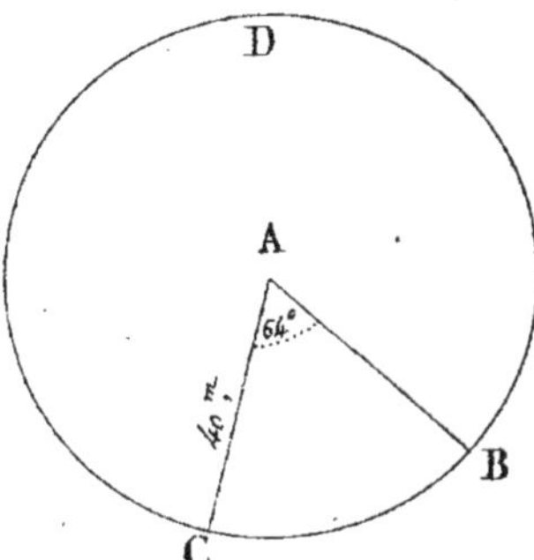

fig. 17.

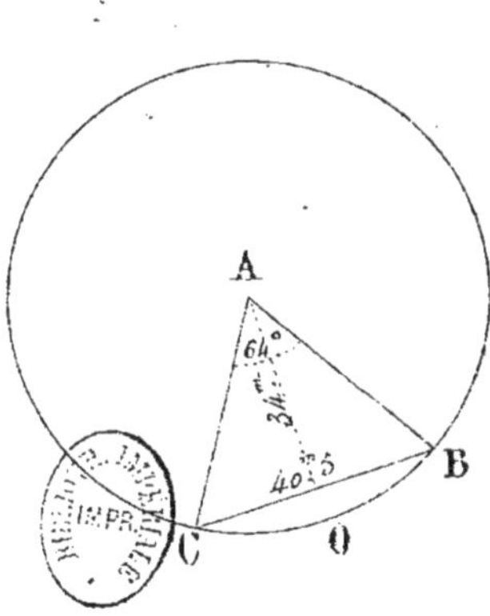

fig. 18.

A
a
B
b
d
D
50.ᵐ Petit diamètre.
80.ᵐ Grand diamètre.
c
C

fig. 19.

D
B
102.ᵐ
A
51.ᵐ
C

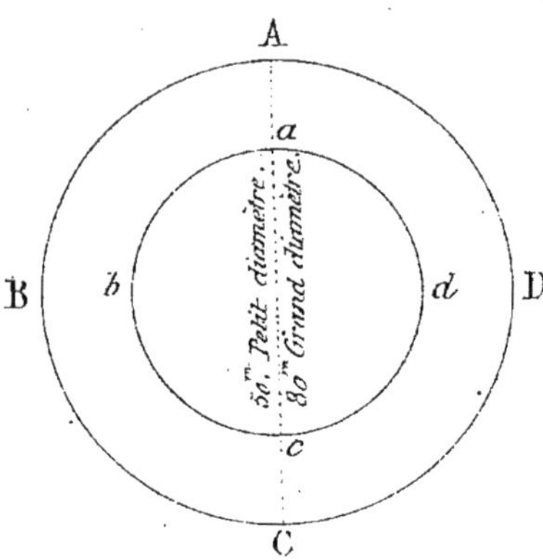

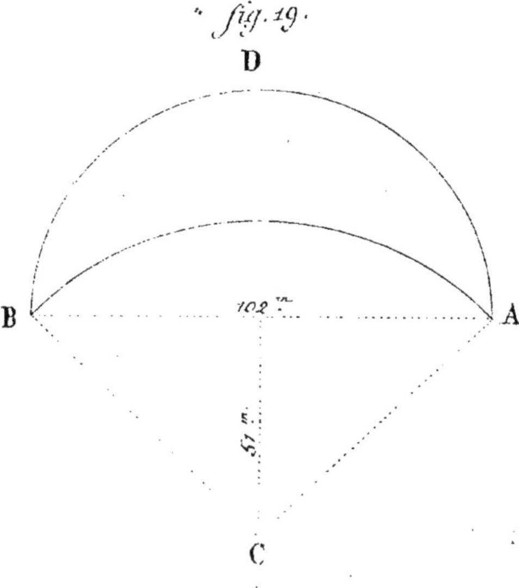

DE LA COURONNE.

La surface de la couronne est égale à celle du cercle entier dont elle fait partie, moins celle du petit cercle qui lui est concentrique.

Application.

Pour avoir la surface de la couronne *abcd* (fig. 18), j'évalue séparément la surface de chacun des deux cercles, et je retranche celle du plus petit de celle du plus grand.

Le diamètre du grand cercle étant de 80^m, la circonférence ABCD sera de 251^m,20 et la surface de $\frac{251^m,20}{2} \times$ par le rayon 40, ou 50^a,24; celle du petit étant de 19^a,63, la différence 30^a,61 entre ces deux surfaces sera celle de la couronne.

DE LA LUNULE.

La surface de la lunule est égale à celle du triangle isocèle rectangle sur lequel elle est appuyée (fig. 19).

Application.

102^m base du triangle isocèle rectangle ABC, multipliés par $\frac{51}{2}$ ou 25,5 $=$ 26^a,01 : cette sur-

face est équivalente de celle de la lunule proposée ADB.

DE L'ELLIPSE.

La surface de l'ellipse est égale au produit des
deux axes multiplié par 3,14, rapport du diamètre
à la circonférence, et dont le résultat est divisé
par 4.

Application.

La surface de l'ellipse ABCD (fig. 20), dont le
grand axe $= 100^m$ et le petit $76^m,50$ est égale à

$$\frac{100^m \times 76^m,50 \times 3,14}{4} = 60^a,05.$$

fig. 20.

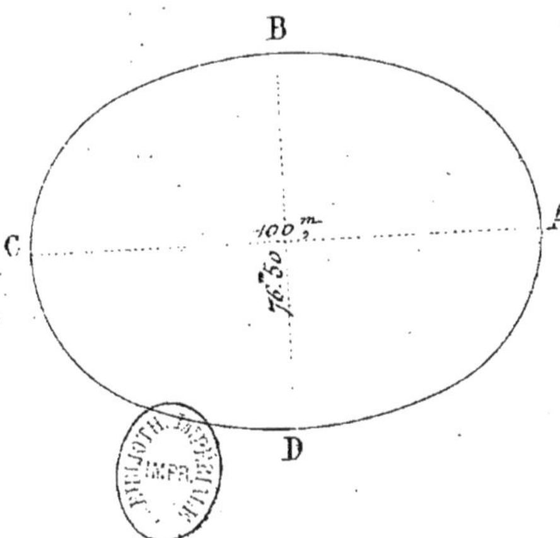

fig. 21.

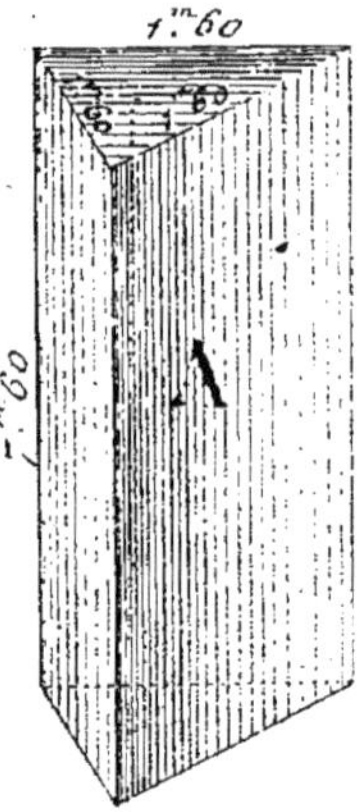

SURFACES POLYÉDRIQUES.

DU PRISME.

La surface latérale du prisme est égale à la longueur d'une arête multipliée par le périmètre d'une section faite perpendiculairement à cette arête (fig. 21).

Application.

Soit proposé d'évaluer la surface latérale du prisme triangulaire droit A de $7^m,60$ de hauteur et de $4,80$ de périmètre.

La surface égalera $7^m,60 \times 4,80 = 36^m,48$.

Remarque. La surface des triangles, bases du prisme triangulaire proposé, s'obtiendra par les procédés indiqués au commencement de cet ouvrage (fig. 1, évaluation de la surface du triangle), et si l'on veut avoir la surface totale du prisme donné, on ajoutera à la surface latérale celle des bases. En général, on obtiendra la surface des bases de tous les polyèdres par les procédés indiqués pour obtenir celles des polygones.

DU CYLINDRE.

La surface du cylindre droit est égale à sa hauteur multipliée par le périmètre d'une section faite parallèlement à ses bases (fig. 22).

Application.

On désire connaître la surface latérale d'un cylindre droit B de $8^m,20$ de hauteur et de $4^m,40$ de contour.

$$8^m,20 \times 4^m,40 = 36^m,08.$$

1re *Remarque*. Si ce cylindre était oblique, sa surface s'obtiendrait en multipliant la longueur du côté par le périmètre d'une section faite perpendiculairement à ce côté.

2e *Remarque*. Si les bases du cylindre ne sont pas parallèles, on prend une hauteur moyenne qu'on multiplie par une section faite perpendiculairement au côté de ce cylindre. Si, dans ce dernier, on veut avoir la surface totale de ce cylindre, on calcule séparément celle des bases, dont l'une est un cercle et l'autre une ellipse; ajoutant la somme de leurs produits à la surface latérale trouvée, on a la surface totale.

DE LA PYRAMIDE.

La surface latérale d'une pyramide droite est

fig. 22.

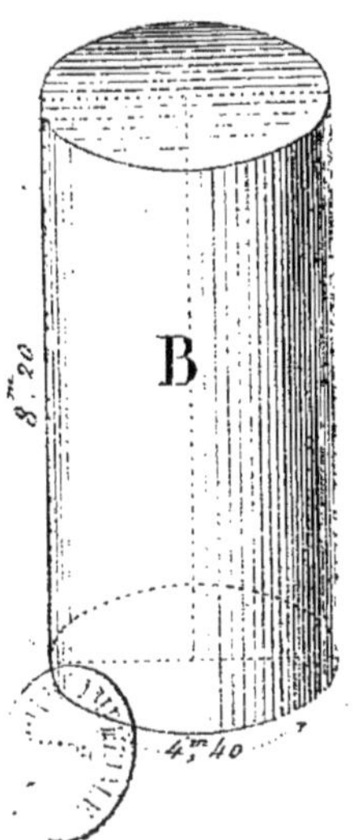

fig. 23

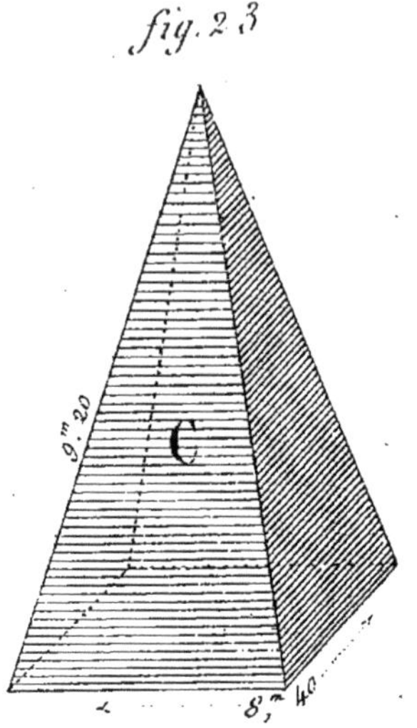

fig. 24

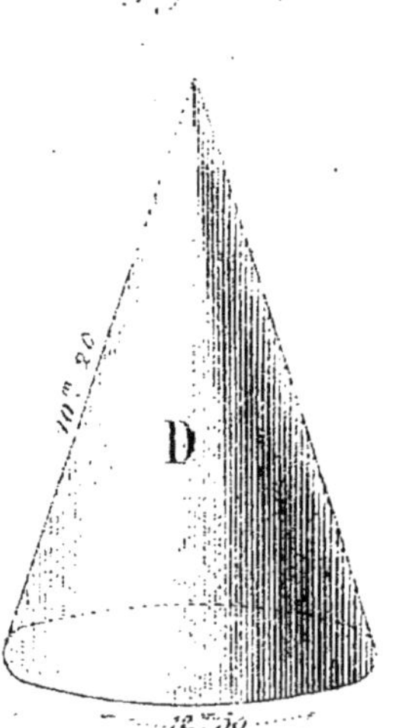

égale au périmètre ou contour de sa base multiplié par la moitié de la longueur d'un de ses côtés (fig. 23).

Application.

On propose de déterminer la surface latérale de
la pyramide droite C de 8^m,40 de périmètre et dont
la hauteur de chacun des triangles qui la termi-
nent est de 9^m,20.

$$\frac{8^m,40 \times 9^m,20}{2} = 38^{m\,c},64.$$

1re *Remarque.* Si la pyramide était oblique, la
surface latérale s'obtiendrait en évaluant séparément la surface de chacun des triangles qui composent ses faces et en ajoutant ensemble les résultats.

2e *Remarque.* Si la pyramide était tronquée, on
opérerait de la même manière, seulement au lieu
d'avoir des triangles à calculer, on aurait des qua-
drilatères dont on ferait également la somme des
résultats.

DU CÔNE.

La surface latérale du cône est égale à la longueur de sa base multipliée par la moitié de la
longueur de son côté (fig. 24).

Application.

Soit à déterminer la surface du cône droit D,

2.

dont la circonférence est de 12^m,50 et la longueur du côté de 10^m,20.

$$\frac{12^m,50 \times 10^m,20}{2} = 6^{m\,c},38.$$

Si le cône était tronqué parallèlement à sa base, on ajouterait ensemble la longueur de la circonférence supérieure et celle de la circonférence inférieure, on en prendrait la moitié qu'on multiplierait par la longueur du côté.

DE LA SPHÈRE.

La surface de la sphère est égale à la circonférence de l'un de ses grands cercles multipliée par le diamètre de cette sphère, ou, en d'autres termes, la surface de la sphère est quadruple de celle d'un de ses grands cercles (fig. 25).

Application.

On demande la surface de la sphère E de 9^m,80 de diamètre.

Multipliant ce diamètre, 9^m,80 par 3,14, rapport approché de la circonférence au diamètre, le produit 30^m,77 exprimera la longueur de la circonférence; multipliant cette dernière quantité par 4^m,90 moitié du rayon, le produit 150$^{m\,c}$,77 sera la valeur de la surface d'un grand cercle, quantité

fig. 25.

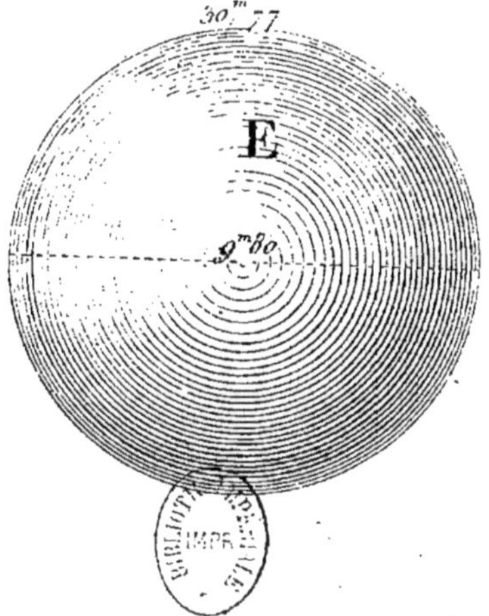

fig. 26.

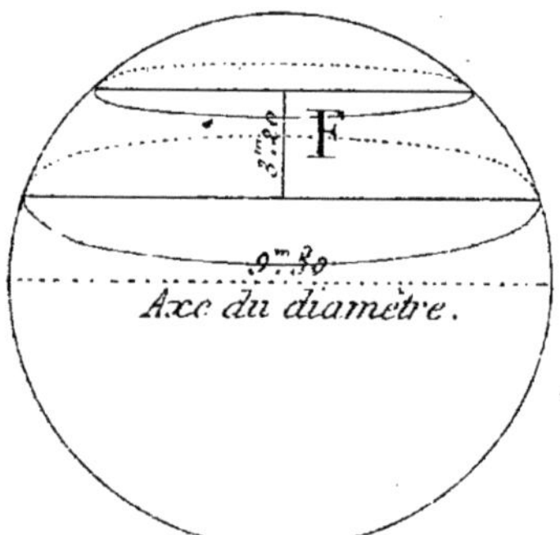

qui multipliée par 4 sera l'expression de la surface de la sphère, ce qui pourrait s'énoncer encore de cette manière :

$$\frac{30,77}{2} \times 4,90 = 150^m,77 \times 4 = 603^m,08.$$

DE LA ZONE.

La surface de la zone est égale au produit de la circonférence d'un grand cercle de la sphère à laquelle elle appartient, par la hauteur de la zone (fig. 26).

Application.

Soit proposé de trouver la surface de la zone sphérique F de $3^m,20$ de hauteur, appartenant à une sphère de 9,80 de diamètre ou de $30,^m77$ de circonférence.

La surface de la zone $F = 30^m,77 \times 3^m,20 = 98^m,46$.

La surface de la calotte s'obtient par le même procédé.

DU SEGMENT.

La surface du segment intérieur est égale à celle des deux cercles qui lui servent de base ajoutée à celle de la zone qui l'enveloppe. La surface du

segment extrême est égale à celle du plan de section qui lui sert de base, à laquelle on ajoute celle
de la calotte (fig. 27).

Application.

On demande la surface du segment sphérique
intérieur G, dont les diamètres ont $4^m,20$ et 6^m et
la hauteur de la zone $3^m,20$.

La surface du petit cercle de $4^m,20$ de diamètre
égale............. $13^m 85$
Celle du grand $=$ ... $28, 26$
Celle de la zone $=$ ... $98, 46$

Ensemble.... $140^m,57$

DU FUSEAU.

La surface du fuseau sphérique est égale à l'arc
AB, qui le partage en deux triangles sphériques
égaux, multiplié par le diamètre de la sphère à
laquelle il appartient (fig. 28).

Application.

Déterminer la surface du fuseau H, de $3^m,20$ de
hauteur, appartenant à une sphère de $9^m,80$ de
diamètre.

Surface $= 3^m,20 \times 9^m,80 = 31^m,36$.

fig. 27.

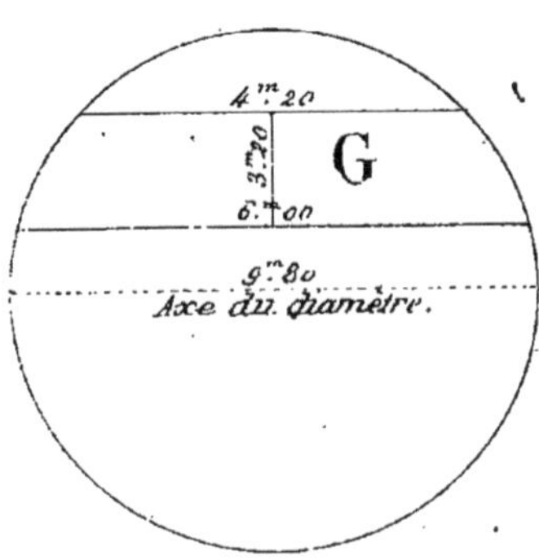

fig. 28.

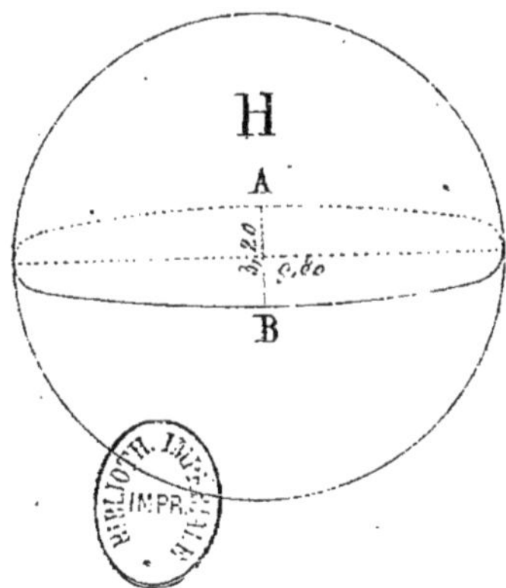

fig. 29.

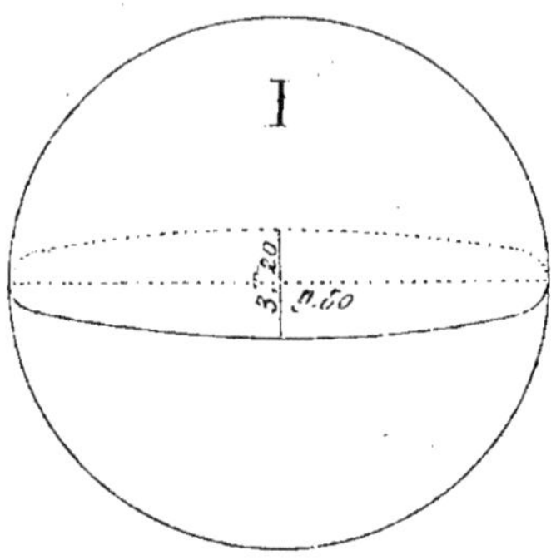

fig. 30.

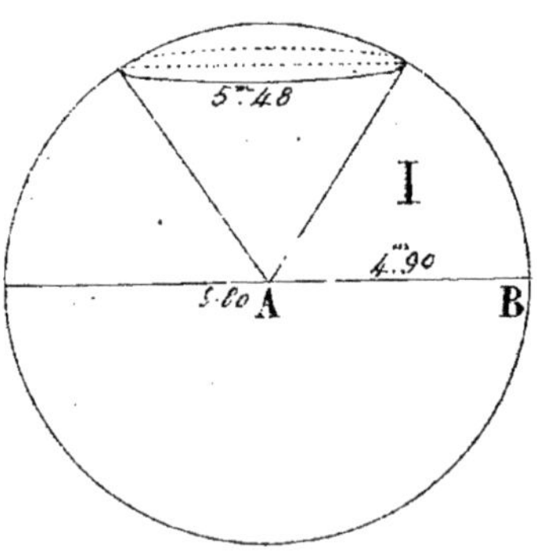

DU COIN OU ONGLET.

La surface du coin ou onglet sphérique est égale à la surface du fuseau qui lui sert de base, ajoutée à celle d'un grand cercle de la sphère à laquelle il appartient (fig. 29).

Application.

Déterminer la surface du coin ou onglet sphérique I, dont l'arc qui le partage en deux triangles égaux est de $3^m,20$, et le diamètre de la sphère de 9,80.

La surface du fuseau H (fig. 28) étant de $31^m,36$, et celle du grand cercle de la sphère de $75^m,39$, leur somme $106^m,75$ sera celle du coin ou onglet sphérique proposé.

SECTEUR SPHÉRIQUE.

La surface du secteur sphérique est égale à la circonférence de la calotte qui lui sert de base, multipliée par la moitié du rayon AB, longueur de son côté, et l'on ajoute à ce produit la surface de la calotte (fig. 30).

Application.

La circonférence de la calotte étant de $5^m,48$, et le rayon de la sphère de $4^m,90$, on aura

$$5^m,48 \times 4^m,90 = 26^m,85,$$

surface latérale du secteur I. Si l'on ajoute à cette surface celle de la calotte, on aura la surface totale du secteur.

Des polyèdres réguliers.

DE L'HEXAÈDRE OU CUBE.

La surface du cube est égale à la surface d'une de ses faces multipliée par 6, nombre de ses côtés (fig. 31).

Application.

On demande la surface du cube K, dont les dimensions, longueur, largeur, hauteur ou épaisseur ont $1^m,20$.

On aura donc

$$1^m,20 \times 1^m,20 = 1^m,44 \times 6 = 8^m,64$$

pour la surface de l'hexaèdre ou cube.

En général, la surface d'un polyèdre régulier quelconque s'obtient en évaluant une de ses faces, et en la répétant autant de fois qu'elle est comprise dans ce polyèdre. Ainsi, par exemple, pour avoir la surface du dodécaèdre, présentant douze pentagones égaux et réguliers, je fais la surface de l'un d'eux, que je multiplie ensuite par 12 ; le résultat exprime la surface totale du dodécaèdre.

fig. 31.

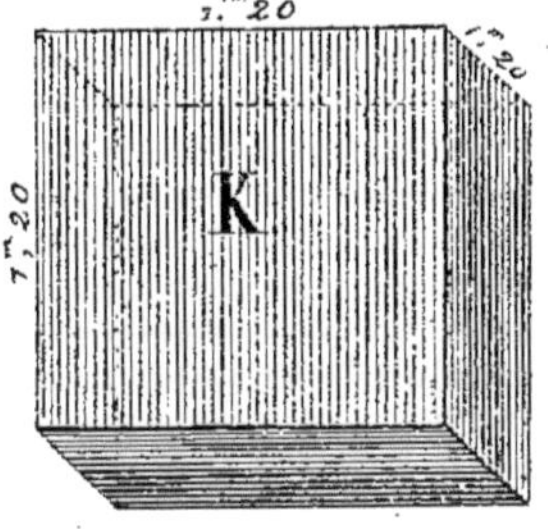

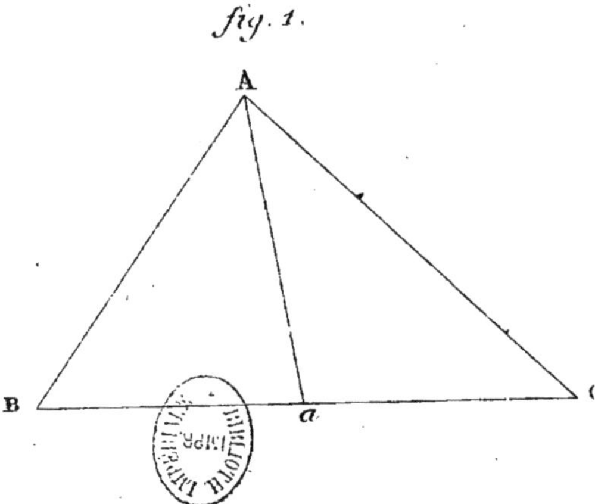

fig. 1.
A
B
C
a

GÉODÉSIE.

PREMIÈRE PARTIE.

OPÉRATIONS GRAPHIQUES.

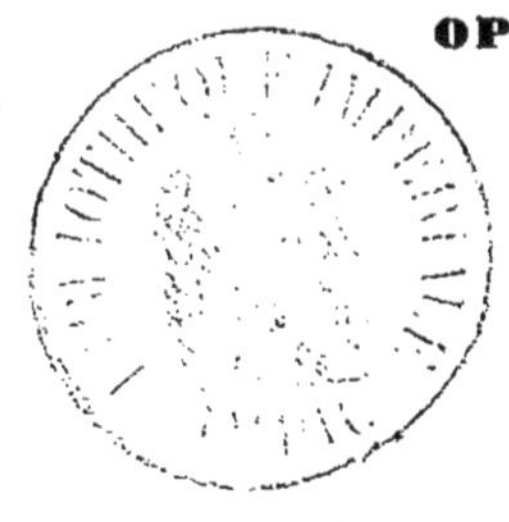

DIVISION DES TRIANGLES.

Problème 1.

Partager le triangle ABC en deux parties égales, la ligne BC étant donnée pour base (fig. 1re).

On divisera cette ligne BC en deux parties égales, et par le point de division a on mènera aA : le problème sera résolu. En effet, les deux triangles résultant de cette division seront égaux en surface, puisqu'ils auront même base et même hauteur.

Cette opération, une des plus simples de la géodésie, pouvant être facilement comprise, je me dispenserai, comme pour toutes celles qui se trouvent dans ce cas, de faire la moindre démonstration, ce qui du reste dépasserait les limites de cet ouvrage, dont l'unique but est d'indiquer les moyens les plus simples et les plus rapides pour opérer avec précision la division de toute espèce de terrain.

Problème 2.

Division du triangle D E F *en trois parties égales* (fig. 2).

Cette division, aussi simple que la précédente, s'opère de la même manière; seulement au lieu de diviser le côté pris pour base en deux parties égales, on le divise en trois.

Les trois triangles résultant de cette division sont égaux en surface; ils ont par construction des bases égales, E*f*, *fe*, *e*F, et la hauteur DG leur est commune.

Corollaire. La division d'un triangle en tant de parties égales qu'on voudra, sur un côté quelconque pris pour base, consiste à diviser ce côté en autant de parties égales que l'on veut en avoir dans le triangle, et à mener des points de division au sommet de l'angle opposé des lignes qui détermineront les triangles partiels.

fig. 2.

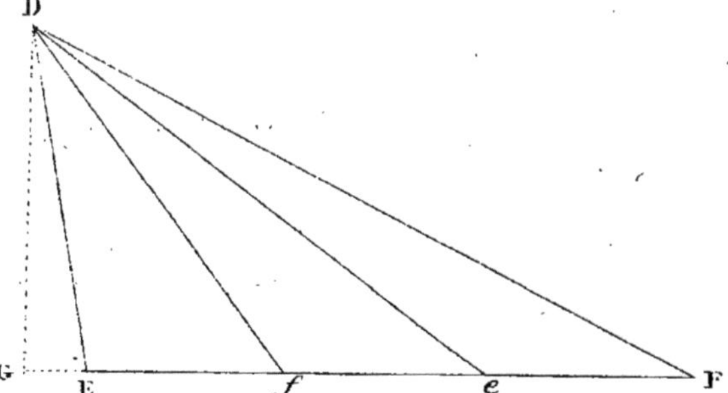

fig. 3.

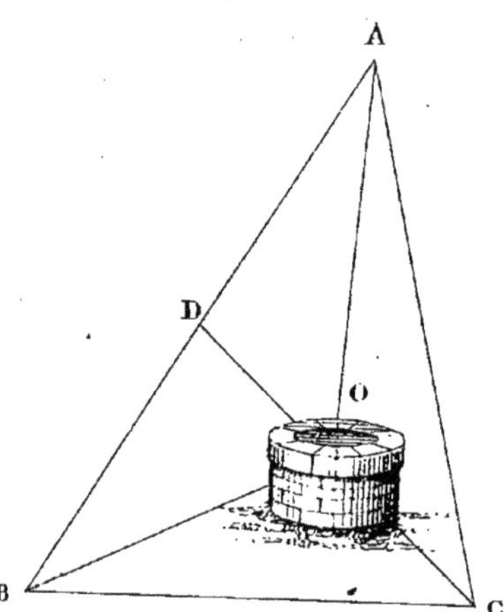

fig. 4.

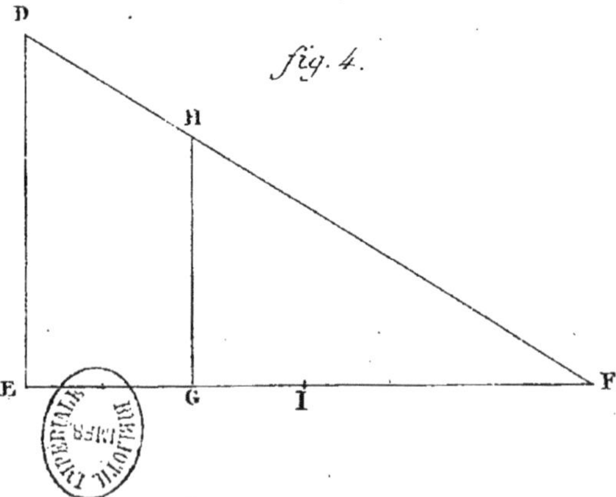

Problème 3.

Diviser un jardin de forme triangulaire ABC *en quatre triangles égaux, aboutissant à un puits commun* O (fig. 3).

On divise n'importe quel côté en deux parties égales, AB par exemple, et par le point de division D on mène DC : le jardin se trouve divisé en deux parties égales aboutissant au point C ; on divise ensuite DC en deux également ; menant BO et OA, le jardin se trouve divisé de la manière requise.

Problème 4.

Diviser le triangle rectangle DEF *en deux parties égales, parallèlement au petit côté* DE (fig. 4).

Une moyenne proportionnelle entre le côté EF et sa moitié EI déterminera, à partir de F, le point G, par où la parallèle GH doit passer ; menant cette parallèle, on aura : surface DEGH égale surface FGH.

Moyenne proportionnelle. Comme nous aurons souvent à faire usage de la moyenne proportionnelle dans le cours de nos opérations, je crois utile d'en donner ici une application.

Trouver une moyenne proportionnelle entre deux lignes données P *et* Q (fig. S).

Je trace une ligne indéfinie AC, je prends sur cette ligne une longueur AB égale à P, et une partie BC égale à Q; sur AC, comme diamètre, je décris une demi-circonférence, et au point B j'élève la perpendiculaire BD; cette perpendiculaire sera la moyenne proportionnelle cherchée.

D'où résulte cette proportion :

$$AB : BD :: BD : BC.$$

Problème 5.

Trouver dans l'intérieur d'un triangle HIJ, *un point* O, *tel que les lignes menées de ce point aux trois angles partagent ce triangle en trois parties égales* (fig. 5).

Je prends LJ, égale au tiers de la base IJ; du point de section L je mène la ligne KL, parallèle à HJ, et du milieu de KL je mène OH, OJ et OI.

Le point O se trouve déterminé.

Problème 6.

Diviser le triangle ABC *en deux parties égales par une perpendiculaire au côté* BC *pris pour base* (fig. 6).

Après avoir élevé la perpendiculaire DA qui

fig. 8.

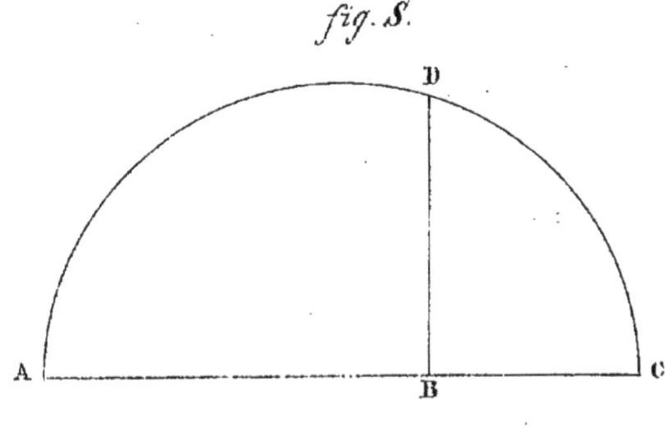

fig. 5.

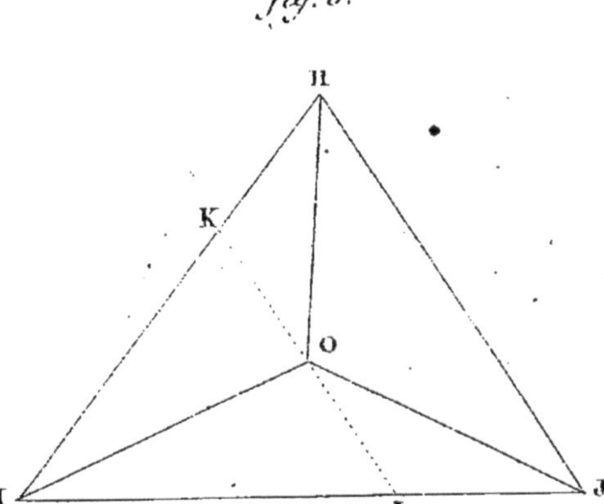

fig. 6.

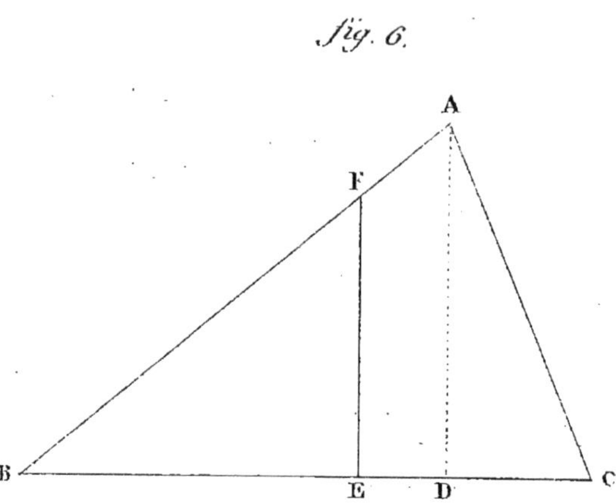

fig. 7.

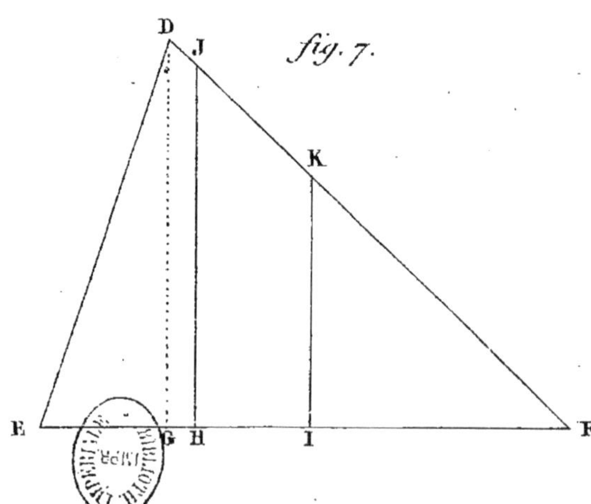

sépare la base en deux segments inégaux BD, DC, j'établis cette proportion : la longueur totale de la base BC $: x :: x : \dfrac{BD}{2}$ (x représente la longueur BE que je cherche). Comme dans toute proportion le produit des moyens est égal au produit des extrêmes, je multiplie x par lui-même, le carré de x ou x^2 égalera le produit des extrêmes BC et $\dfrac{BD}{2}$; donc $x^2 = BC \times \dfrac{BD^1}{2}$.

Pour obtenir la valeur de x, j'extrais la racine carrée du deuxième membre de l'équation littérale, et j'ai $x = \sqrt[2]{BC \times \dfrac{BD}{2}}$, ou en d'autres termes, la ligne BF qui doit déterminer le point de section, s'obtiendra en prenant une moyenne proportionnelle entre la base BC et la moitié du grand segment. Il est inutile de dire que cette longueur proportionnelle obtenue, laquelle sert à déterminer le point E par où la perpendiculaire EF doit passer, doit toujours être mesurée sur le plus grand segment, à partir de l'angle opposé à la perpendiculaire cherchée.

Problème 7.

Diviser le triangle DEF en trois parties égales par deux perpendiculaires au côté EF (fig. 7).

Après avoir établi les deux segments par la

perpendiculaire DG, je cherche une moyenne proportionnelle éntre le côté EF et le tiers du segment G F; cette moyenne proportionnelle est FI, j'élève au point I la perpendiculaire IK.

Pour connaître le point H, par où la seconde perpendiculaire de division doit passer, je cherche une autre moyenne proportionnelle entre le côté EF et les deux tiers du même segment G F; portant la longueur de cette moyenne proportionnelle de F en H, j'ai le point H où j'élève la perpendiculaire H J, qui détermine le triangle J H F, égal aux deux tiers de la surface du triangle proposé.

Problème 8.

Diviser le triangle FGH *en deux parties égales par une ligne parallèle au côté* GH (fig. 8).

Après avoir élevé la perpendiculaire FI, qui détermine la hauteur du triangle proposé, je cherche une moyenne proportionnelle FJ entre la perpendiculaire FI et sa moitié; cette moyenne proportionnelle, à partir de F, détermine le point J par où la parallèle K L doit passer; menant cette ligne, elle partage le triangle E G H de la manière requise.

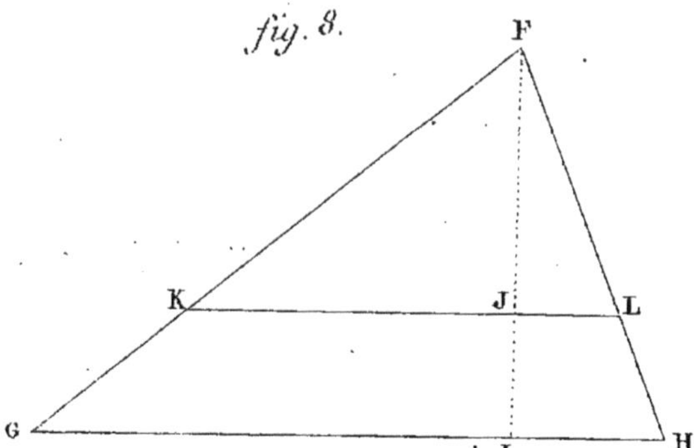
fig. 8.
F
K
J
L
G
I
H

fig.9.

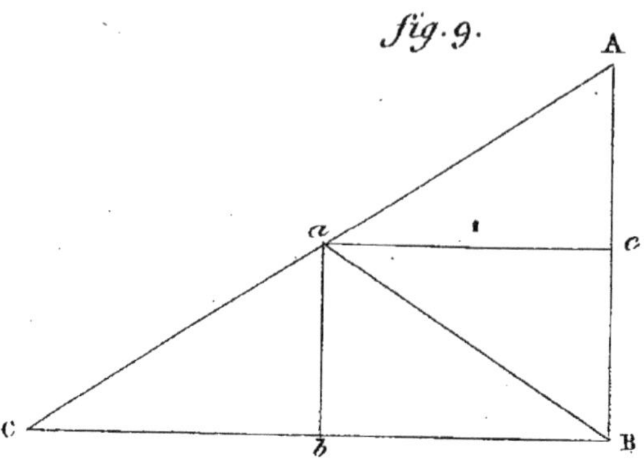

fig. 10.

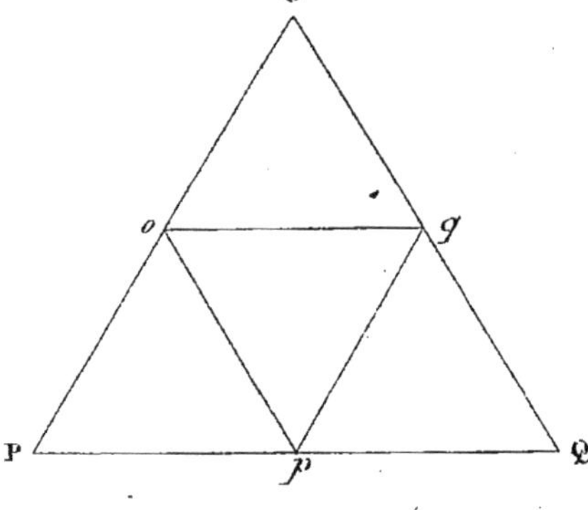

fig. 11.

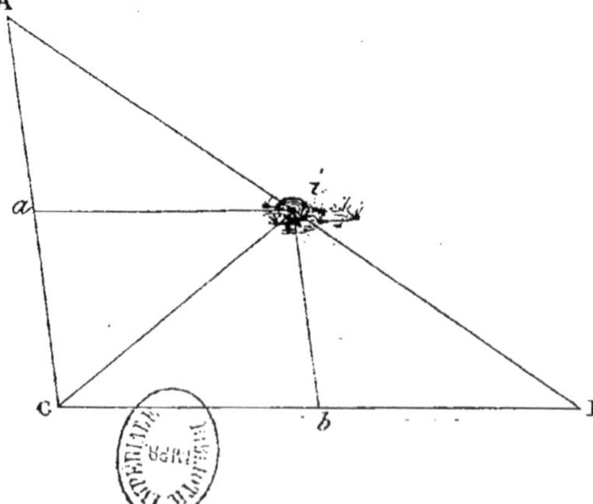

Problème 9.

Partager le triangle rectangle ABC en quatre parties égales par des triangles semblables entre eux et semblables au triangle total (fig. 9).

Après avoir divisé chaque côté du triangle en deux parties égales, je mène des points de division *abc* les lignes *ac, ab* et *a*B; le triangle se trouve par ce moyen divisé de la manière requise.

Problème 10.

Partager le triangle équilatéral OPQ en quatre triangles égaux et équilatéraux (fig.10).

On partagera en deux également chaque côté du triangle proposé, et des points de division *opq* on mènera les droites *op, oq, qp.*

Problème 11.

Partager le triangle scalène ABC en quatre triangles égaux, aboutissant à un point commun I, où se trouve une source (fig. 11).

Du milieu de BC et de CA, je mène *bi ia*; je joins l'angle C au point I; par ce moyen, les quatre triangles résultant de la division sont égaux et aboutissent à la source I.

3.

Problème 12.

Partager le triangle DEF *(fig. 12) en trois parties égales, de manière que chacune touche par un point quelconque à une citerne placée en* G.

Je partage EF en trois parties égales, et d'un point de division H je mène à l'angle opposé HD, que je divise en deux également, et du point de division G de cette ligne, où se trouve la citerne, je mène GF; le problème se trouve résolu dans les conditions requises.

Problème 13.

Prendre sur le triangle ABC *une partie triangulaire égale à la sixième partie du triangle total, et que la ligne séparative des deux parties soit parallèle au côté* BC *(fig. 13).*

Je cherche une moyenne proportionnelle entre la hauteur AD et le sixième de cette hauteur. La moyenne proportionnelle obtenue détermine sur AD, à partir de A, le point E par où la ligne de division doit passer; je mène par ce point, et parallèlement à BC, la ligne FG qui divise exactement le triangle proposé comme l'exige le problème.

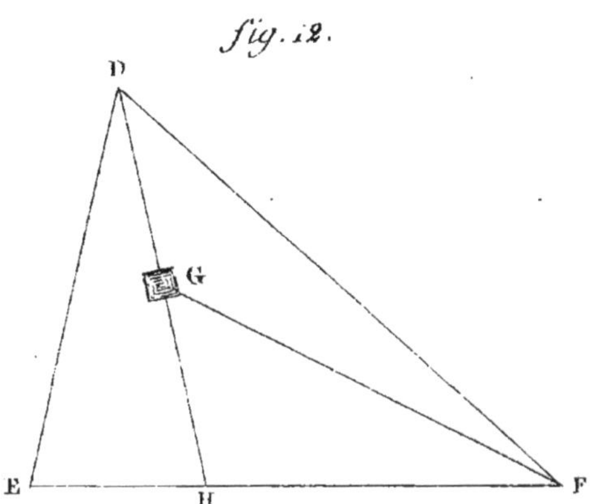

fig. 12.
D
G
E
H
F

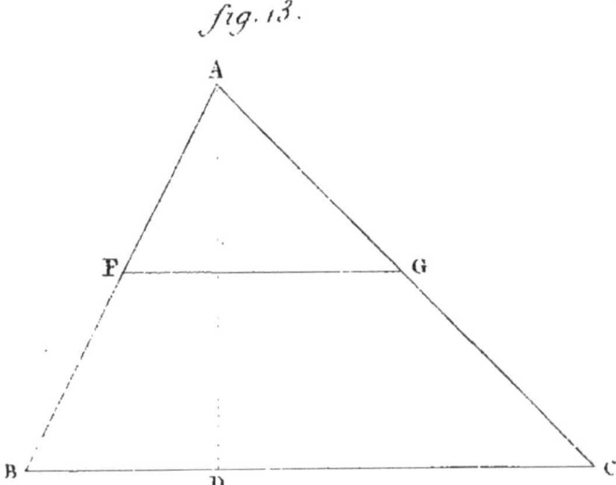

fig. 13.
A
F
G
B
D
C

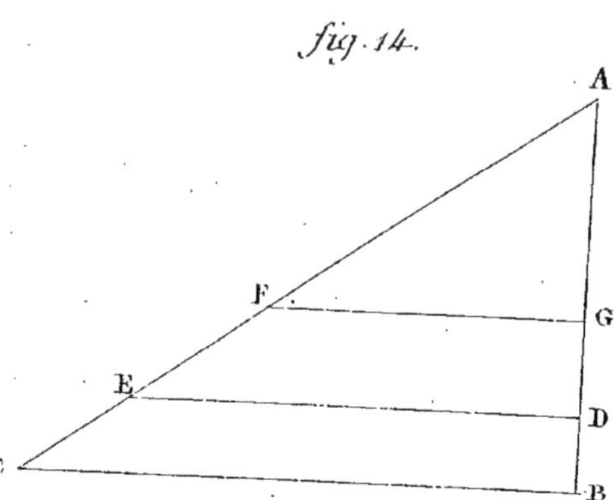

fig. 14.

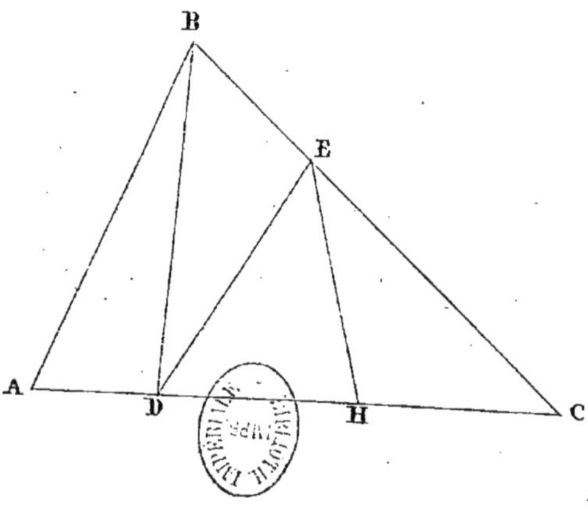

fig. 15.

Problème 14.

Partager le triangle rectangle ABC *en trois par-*
ties égales parallèlement à sa base (fig. 14).

Une moyenne proportionnelle entre la hauteur
AB et les deux tiers de cette hauteur déterminera
la longueur à prendre sur cette même ligne AB,
et établira le point D par où la parallèle DE doit
passer; une autre moyenne proportionnelle prise
entre ces deux tiers, ou AD et la moitié de AD,
déterminera au point G la seconde division du
polygone proposé; menant les lignes DE, GF,
elles diviseront le triangle dans le sens de l'é-
noncé du problème.

Problème 15.

Partager le triangle ABC *en quatre autres trian-*
gles égaux, par des lignes transversales partant de
AC *et allant se terminer sur* BC (fig. 15).

Après avoir divisé la base d'opération en quatre
parties égales, je mène à l'extrémité de la partie AD, égale au quart de AC, la ligne DB; je
divise ensuite le côté BC en trois parties égales,
et à l'extrémité de la partie BE, égale aux deux
tiers de CB, je mène DE, et enfin, du milieu de
DC, je mène EH; le triangle proposé se trouve
ainsi divisé en quatre triangles égaux.

Problème 16.

Diviser le triangle MNO *en trois parties égales,
parallèlement à la base* NO (fig. 16).

Pour déterminer la ligne séparative *a b* de la
première portion, à partir de la base, je cherche
une moyenne proportionnelle entre la hauteur
totale MP du triangle proposé, et les deux tiers de
cette hauteur. Cette moyenne proportionnelle, à
partir du sommet de l'angle M, fixe le point C par
où la première parallèle *a b* doit passer.

Pour trouver le point *d*, par où doit passer la
ligne séparative des deux portions restantes, je
cherche une autre moyenne proportionnelle entre
la partie restante M*c* et la moitié de cette partie,
la longueur de cette moyenne proportionnelle, à
partir de M, détermine ce point; le triangle MNO
se trouve par ce moyen divisé en trois parties
égales, comme le comporte l'énoncé du problème.

Problème 17.

Diviser le triangle PQR *en quatre triangles égaux
et semblables* (fig. 17).

Je divise chacun des côtés en deux parties
égales, et je mène les lignes *a b*, *b c* et *c a*.

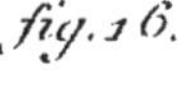

fig. 16.

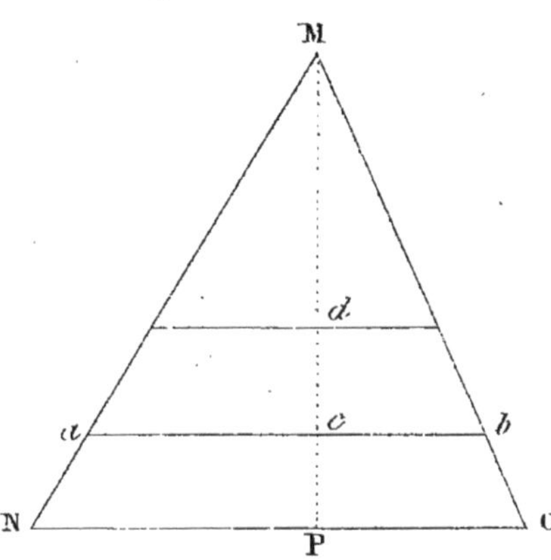

fig. 17.

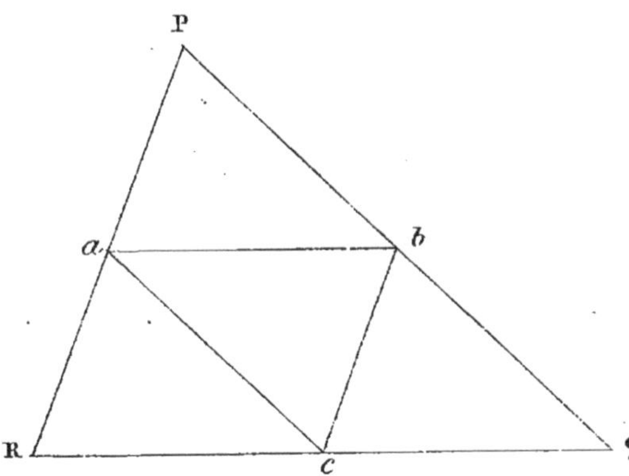

fig. 18.

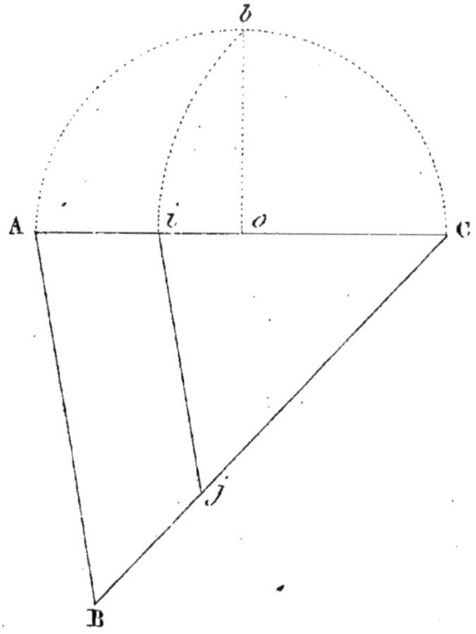

fig. 19.

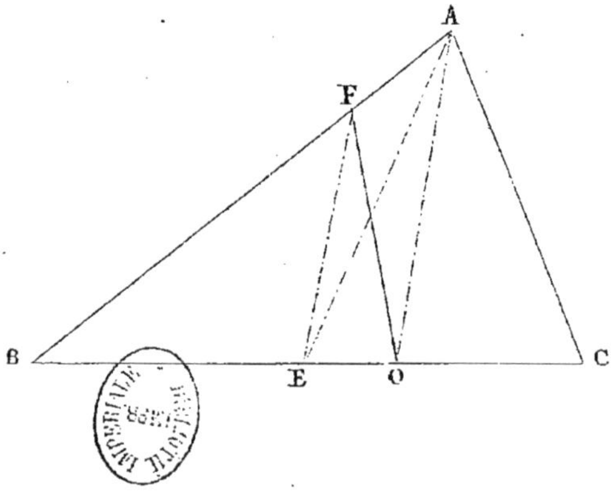

Problème 18.

On propose de partager le triangle ACB *en deux parties égales par une ligne de division parallèle au côté* AB (fig. 18).

Nota. Quoique nous ayons fait connaître dans le problème 8 le moyen de diviser en deux parties égales un triangle quelconque parallèlement à sa base, nous croyons nécessaire de faire connaître ce second procédé, qui, du reste, repose quant au fond sur les mêmes principes que le premier.

Je divise le côté AC en deux parties égales; du point O, milieu de cette ligne, et avec une ouverture de compas égale à OA ou à OC, je décris une demi-circonférence A*b*C, j'élève la perpendiculaire O*b*, et d'un rayon C*b* je décris l'arc *b i*, et enfin du point *i* je tire *ij*, parallèle à la base AB; elle est la ligne de division demandée.

Problème 19.

Par un point donné O, *sur le côté* BC *du triangle* ABC, *partager ce polygone en deux parties équivalentes* (fig. 19).

Je divise la base BC en deux parties égales; du point E, milieu de cette ligne, je mène AE, et du point donné O je mène OA, puis EF, parallèle à

OA, et enfin OF qui partage la figure de la manière demandée.

Problème 20.

Par un point aussi donné O, sur le côté BC du triangle ABC, diviser ce triangle en trois parties égales (fig. 20).

Après avoir divisé la base BC en trois parties égales, je tire du point de départ O, et des points de section G C les lignes OA, C'A, G A; des mêmes points de section je mène CI et GH parallèles à OA, je joints ensuite par des traits pleins O I et OH qui sont les lignes séparatives de la division du triangle en trois parties égales.

Problème 21.

Par un point donné O, sur le côté CB, partager le triangle ABC en trois parties égales (fig. 21).

Après avoir joint le point O au point A par la ligne AO, je mène par le point D, tiers de CB, la ligne DE parallèle à AO, et je joins OE, et du point F, milieu de EB, je mène OF; le triangle proposé se trouve ainsi divisé de la manière requise.

fig.20.

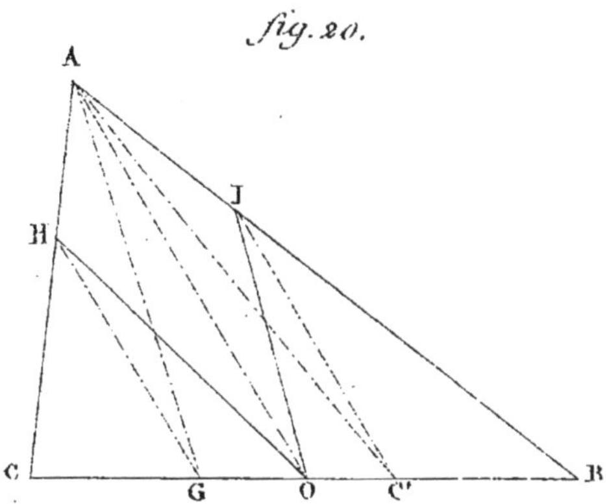

fig.21.

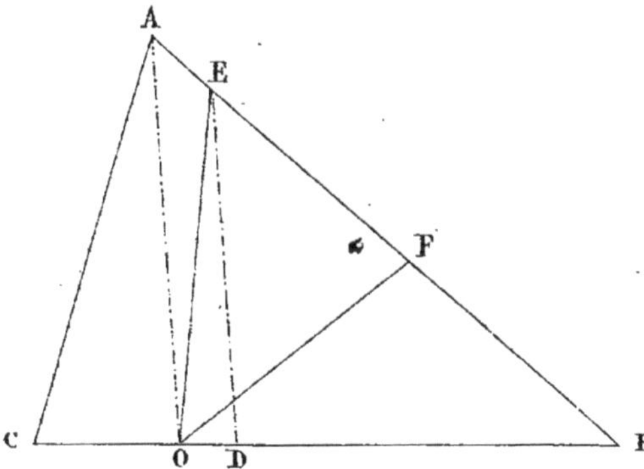

fig. 22.

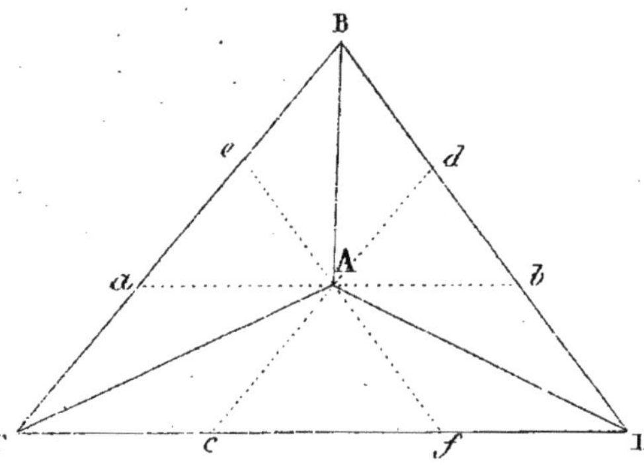

fig. 23.

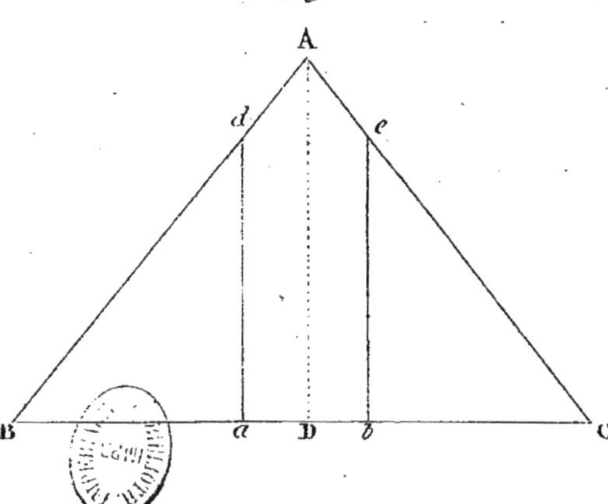

Problème 22.

Diviser le triangle B CD *en trois parties égales,
en partant d'un point intérieur* A (fig. 22).

Je divise chacun des côtés en trois parties
égales, et des points de sections *a e, d b, f c,* je
mène, en passant par le point A, les transversales
a b, c d, e f ; il ne me reste plus, pour établir la
division demandée, qu'à mener de ce point, à
chacun des angles du triangle donné, les lignes
A B, A D, A C.

Problème 23.

Partager le triangle A BC *en trois parties égales
par des perpendiculaires à la base* B C (fig. 23).

Après avoir élevé la perpendiculaire A D, qui
partage la base en deux segments inégaux, je
cherche, pour établir la première division, une
moyenne proportionnelle entre le grand segment
B D et le tiers de la base B C ; la longueur de cette
moyenne proportionnelle, appliquée sur la base
à partir de B, détermine le point *a* où doit être
élevée la perpendiculaire *a d* ou ligne démarcative de cette première division.

J'en fais autant pour établir la ligne A B qui
divise le reste du triangle donné en deux parties égales, c'est-à-dire que je cherche une autre
moyenne proportionnelle entre la longueur D C

du plus petit segment et le tiers de la base ; la longueur de cette seconde proportionnelle, appliquée
sur B C à partir de C, détermine le point b par où
la deuxième perpendiculaire démarcative $b\,e$ doit
passer; la portion comprise entre les lignes $a\,d$,
$b\,e$ forme l'autre tiers de triangle total.

Problème 24.

*Diviser, par un procédé analogue à celui du pro-
blème 16, le triangle* H I J *en trois parties égales parallèlement à la ligne* I J (fig. 24).

Après avoir divisé la base HJ en trois parties
égales, et décrit du milieu de cette ligne la demi-
circonférence H D J, j'élève aux point de division
b et a les perpendiculaires $b\,i$, $a\,l$; du point H,
avec les distances H i et H l pour rayons, je décris
les arcs $i\,j$, $i\,k$, enfin par les points $k\,j$ je mène
$k\,h$, $j\,n$, parallèles à I J : ces lignes divisent de la
manière requise le triangle proposé.

Problème 25.

Par un point donné O, *où se trouve un passage,
diviser le triangle* A B C *en trois parties égales, de
manière que chacune d'elles aboutisse à ce passage*
(fig. 25).

Après avoir divisé en trois parties égales le côté

fig. 24.

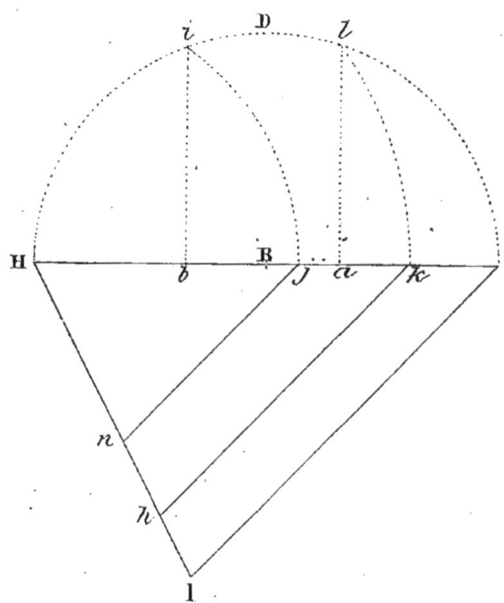

fig. 25.

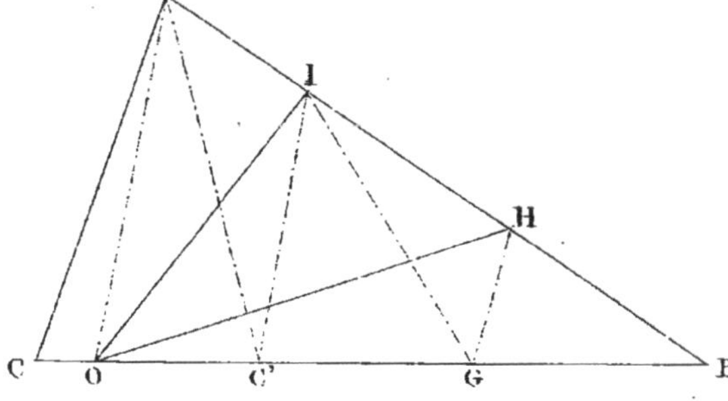

fig. 26.

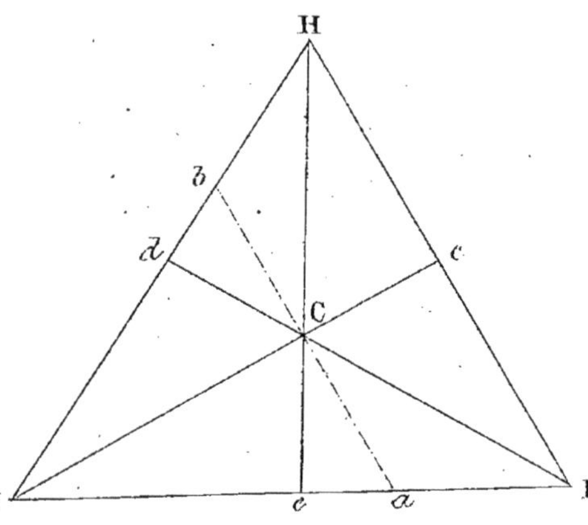

fig. 27.

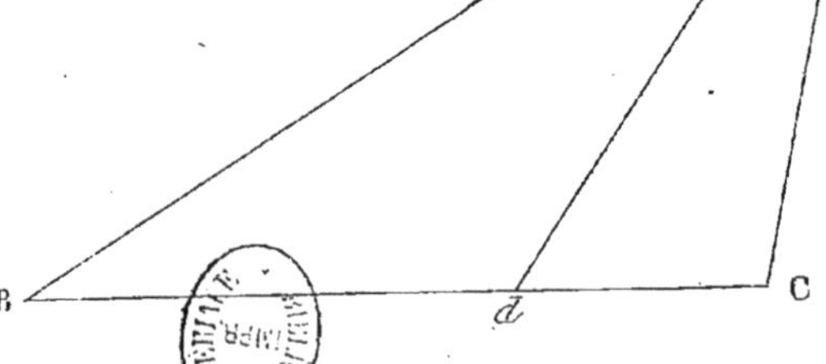

BC sur lequel se trouve le passage, je joins les points de section G C′ et le point de passage O au sommet A, puis je mène par les points de section précités C′ I et G H, parallèles à O A, et du point O je tire les lignes de séparation O I, O H qui partagent le triangle dans les conditions requises.

Problème 26.

Trouver, dans l'intérieur du triangle H I J, un point C tel, que les lignes tirées de ce point aux trois angles et sur le milieu des trois côtés partagent le triangle en six parties égales (fig. 26)

Après avoir pris le tiers *a* I du côté I J, ou d'un tout autre côté, je mène, du point de section *a*, la ligne *a b* parallèle à H I, et du point C, milieu de *a b*, je mène les lignes C H, C J, C I, leur prolongement, qui tombe sur le milieu des côtés, achève la division en six parties égales.

Ce problème repose sur les principes du n° 20.

Problème 27.

Soit proposé de diviser le terrain A B C en deux parties dont l'une soit double de l'autre (fig. 27).

Si du point *d*, tiers de la base B C, on mène *d* A, on aura résolu le problème.

4

Problème 28.

Soit proposé de diviser la surface triangulaire A B C *en trois parties qui soient entre elles comme les nombres 1, 5, 6, c'est-à-dire que la deuxième soit quintuple de la première, et que la troisième soit égale aux deux autres* (fig. 28).

Si je divise la base B C en deux parties égales, et que du point *d*, milieu de cette base, je joigne *d* A, j'aurai formé la troisième portion égale aux deux premières réunies; que je divise l'autre moitié de la base en six parties égales; que je prenne cinq de ces parties, de *d* en *e*, j'aurai fixé la deuxième portion; et qu'enfin je mène *e* A, j'aurai divisé de la manière requise la surface proposée.

Problème 29.

On propose de retrancher du triangle A B C *le triangle* C′ D E (fig. 29).

Pour avoir l'angle C′ $=$ C, je convertis le triangl′ C′ D E en son égal C F E, puisque, par ce changement, l'angle E C′ F est devenu égal à l'angle C, je porte sur le côté A C du triangle A B C le côté C′ F $=$ C I, et sur le côté C B, je porte C′ E $=$ C J; je mène ensuite la ligne I J qui retranche du triangle A B C le triangle C I J égal en surface au triangle C′ D E.

fig. 28

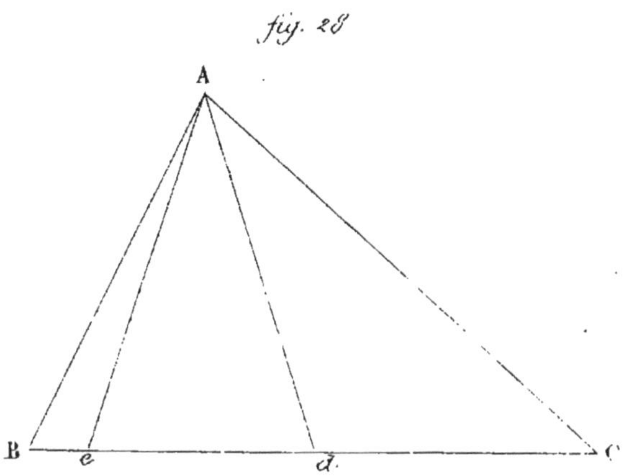

fig. 29.

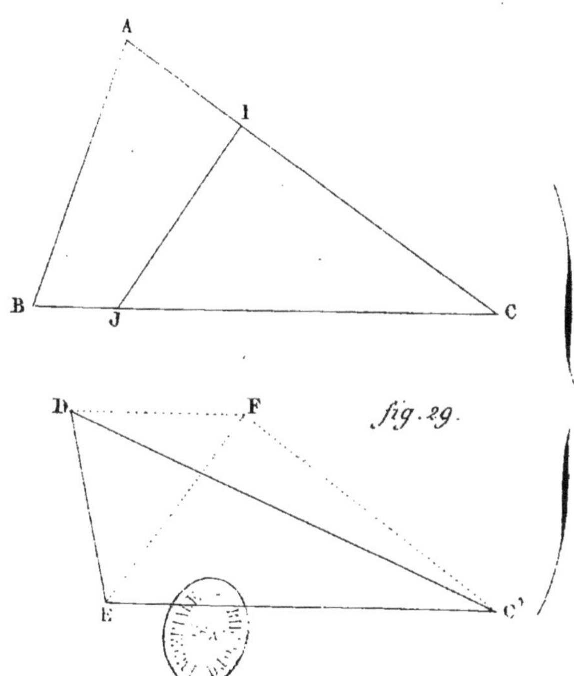

Pl. 38.

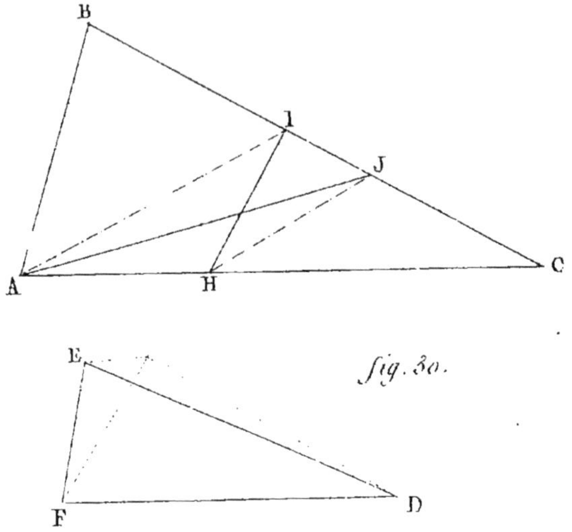

fig. 30.

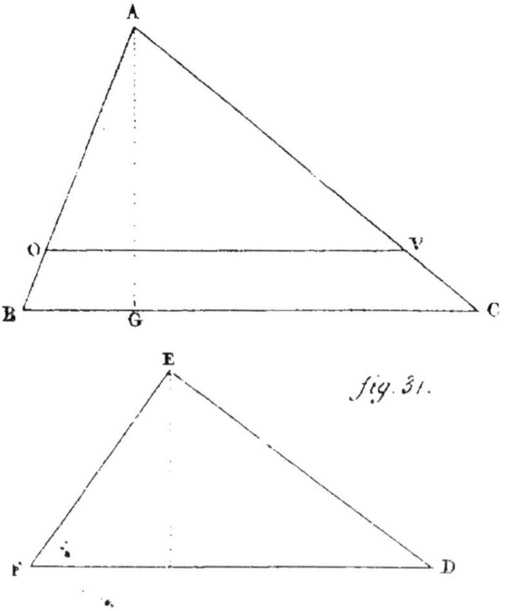

fig. 31.

Problème 30.

Retrancher du triangle ABC *le triangle* DEF
par une ligne tirée de l'angle A (fig. 30).

Après avoir fait une construction analogue à
celle du problème précédent, je tire, par le point
I, les lignes IH, IA ; je mène, par le point H, la
ligne HJ parallèle à AI ; je joins ensuite le point
A au point J : cette ligne de jonction retranche
du triangle ABC une surface égale à celle du
triangle proposé DEF.

Problème 31.

Retrancher du triangle ABC, *parallèlement au
côté* BC, *une surface triangulaire égale à celle du
triangle* DEF (fig. 31).

Pour résoudre ce problème, je cherche deux
moyennes proportionnelles : une entre la base et
la hauteur du triangle ABC, et une autre entre
la base et la hauteur du triangle DEF ; je cherche ensuite une quatrième proportionnelle AO à
ces deux moyennes proportionnelles et au côté
BA du triangle ABC, et je tire, par le point O, la
ligne OV, parallèle au côté BC qui retranche du
triangle ABC une surface AOV égale à celle du
triangle donné DEF.

Problème 32.

Retrancher du triangle ABC *un triangle égal au triangle donné* DEF *par une ligne menée d'un point donné* X *sur le côté* BC (fig. 32).

Après avoir, comme dans les problèmes précédents, fait l'angle D, du triangle à retrancher, égal à l'angle CBA, je cherche une quatrième proportionnelle aux trois lignes BX, FD et BG, et je mène GX qui retranche du triangle ABC le triangle DEF égal en surface au triangle BGX.

Problème 33.

D'un point O, *pris où l'on voudra dans l'intérieur du triangle* ABC, *diviser ce triangle en trois parties égales* (fig. 33).

Après avoir fait CD égal au tiers de la base CB, je joins le point intérieur O au point D, et par l'angle Á je mène A*b* parallèle à OD; par le point I, milieu de A*b*, je mène IC parallèle à OB, et enfin du point donné O je tire les lignes AO, O*b*, O*c* qui divisent le triangle proposé en trois parties égales.

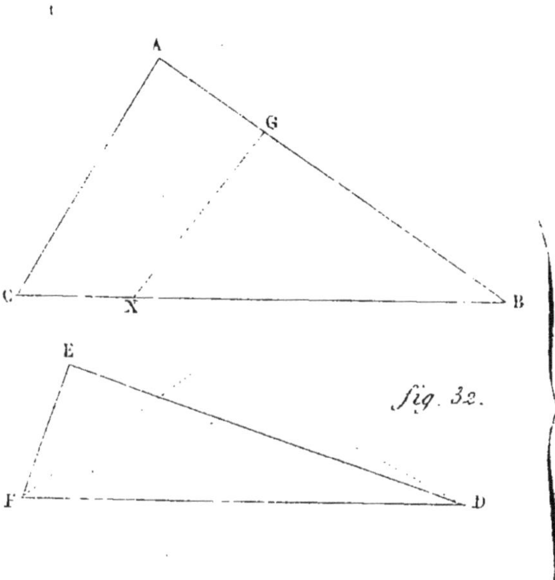

fig. 32.

fig. 33

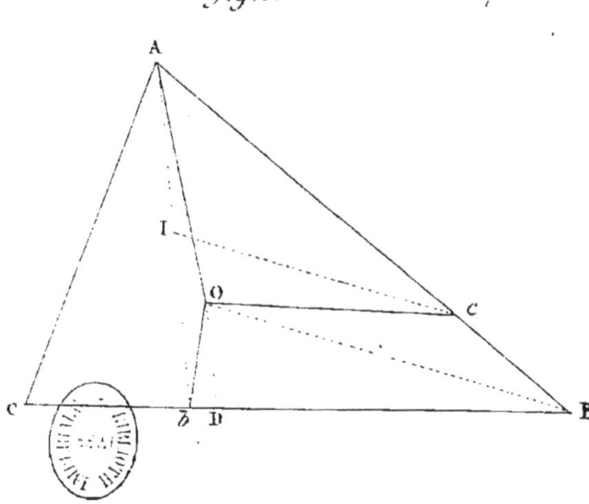

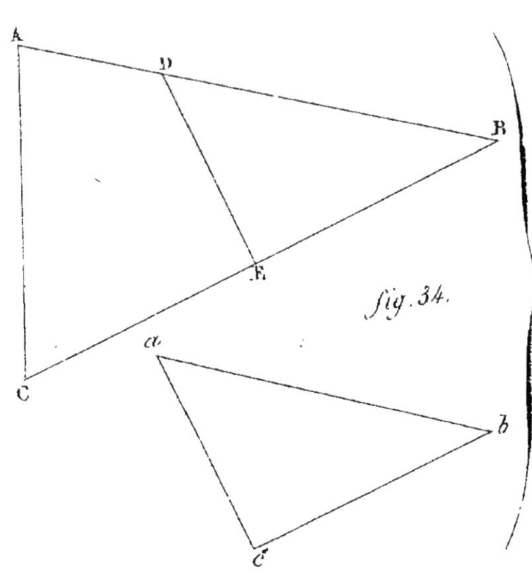

fig. 34.

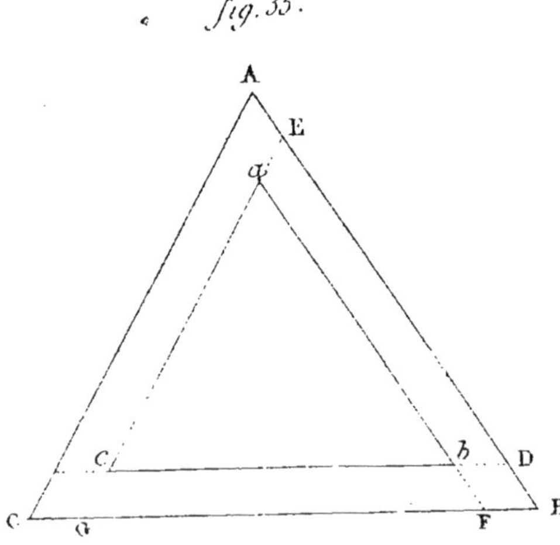

fig. 35.

Problème 34.

Du triangle ABC *donné, retrancher un triangle* abc *aussi donné, et qui ait un angle b égal à l'angle* B *du triangle* ABC (fig. 34).

Si je porte le côté bc du petit triangle sur le côté BC du grand, le côté ba prendra la direction BA, et le côté bc, la direction BC, puisque l'angle b de l'un est égal à l'angle B de l'autre ; ensuite si je fais $BD = ab$ et $BE = bc$, les triangles abc, BDE seront égaux, et la partie ACED sera la différence des deux triangles donnés.

Problème 35.

Diviser le triangle ABC *en deux parties égales et de manière que l'une des deux parties soit un triangle semblable au triangle total* (fig. 35).

Je prends deux moyennes proportionnelles : une entre AB et la moitié de AB, l'autre entre BC et la moitié de BC : ces deux moyennes proportionnelles ED, GF déterminent les points D, E, G, F, par où les parallèles ab, bc doivent passer ; menant ces lignes et joignant ca, le problème se trouvera résolu.

4.

DIVISION DES QUADRILATÈRES.

Problème 36.

Diviser le carré M *en deux parties égales, dont l'une soit un carré adjacent aux côtés* ab, cb (fig. 36).

Une moyenne proportionnelle entre un côté du carré M, et la moitié de ce côté sera la dimension d'un des côtés du petit carré, moitié du grand.

Problème 37.

Diviser le carré O *en deux parties égales, dont une soit un carré placé au milieu du carré donné* (fig. 37).

Une moyenne proportionnelle entre le côté du carré donné O et la moitié de ce côté donnera le côté du petit carré.

Problème 38.

Diviser le carré R *en trois parties égales parallèlement à la diagonale* AC (fig. 38).

Après avoir tracé la diagonale AC, je cherche une moyenne proportionnelle entre AC et le tiers

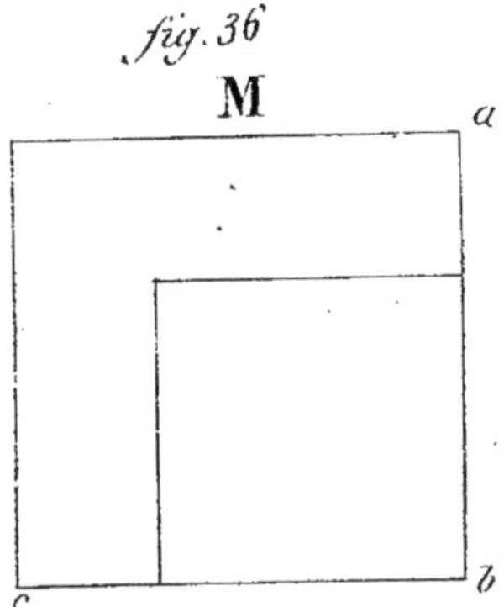

fig. 36

M

a

c   b

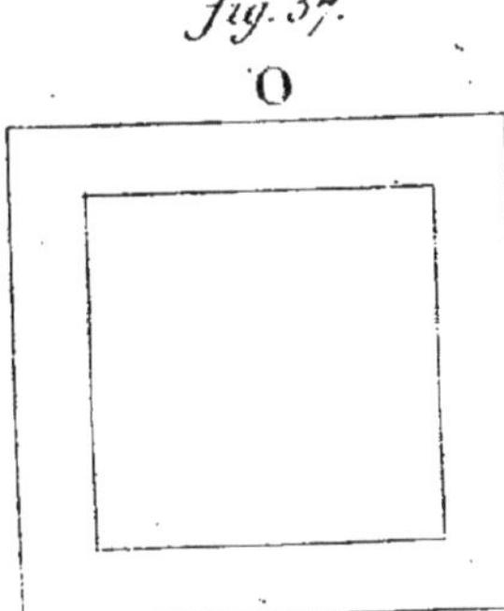

fig. 37.

O

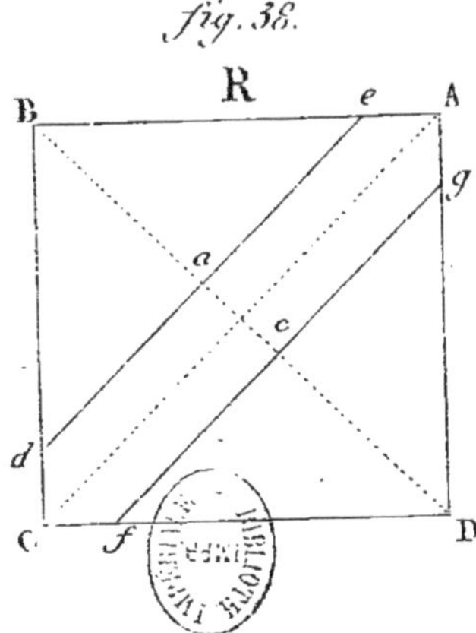

fig. 38.

R

B   e   A

g

a

c

d

C   f   D

fig. 39.

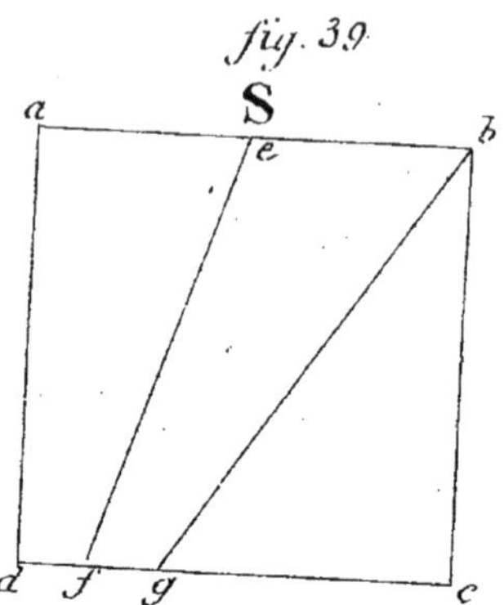

fig. 40.

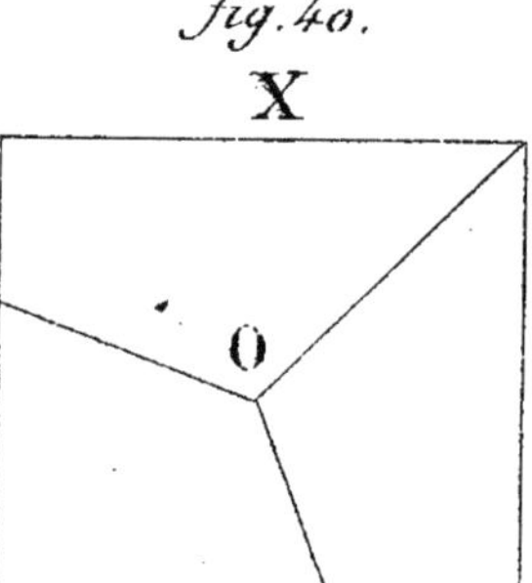

fig. 41

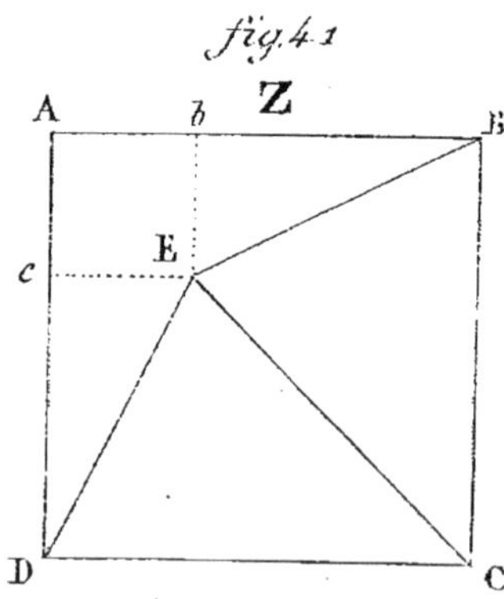

de AC, je porte la longueur obtenue de B en A et
de D en C, je détermine par ce moyen les points
a et *c* par où les parallèles *dc* et *fg* doivent passer; menant ces parallèles, le carré se trouve divisé de la manière requise.

Problème 39.

Diviser le carré S *en trois parties égales, un
triangle et deux trapèzes* (fig. 39).

Au tiers de la ligne *dc*, à partir de *d* en un point *g*,
je mène *gb*. Prenant ensuite la moitié de *ab* et la
moitié de *dg*, joignant *cf*, le problème est résolu.

Problème 40.

Diviser le carré X *en trois parties égales qui aboutissent au milieu* O *de ce carré* (fig. 40).

Pour avoir le tiers de la surface du carré proposé, je divise chaque côté du carré en trois parties égales, et je prends 4 de ces parties.

Problème 41.

Diviser le carré Z *en trois parties égales, deux
triangles semblables et un quadrilatère* (fig. 41).

Je prends le tiers A*b* de la ligne AB, et au point

b j'abaisse la perpendiculaire *b*E; du point *c* j'é-
lève la perpendiculaire *c* E, et du point E, intersection des deux perpendiculaires, je mène EB,
EC et ED.

Problème 42.

Diviser le carré a *en trois parties égales, un carré
et deux trapèzes semblables* (fig. 42).

Je cherche une moyenne proportionnelle entre
un côté du carré donné et le tiers de ce côté, au
moyen de laquelle je construis le carré A BCD, et
je mène A E.

Problème 43.

Diviser le carré b *en cinq parties égales, quatre
trapèzes semblables et un carré* (fig. 43).

Je cherche une moyenne proportionnelle entre
un côté du carré donné et le cinquième de ce
côté; cette moyenne proportionnelle est le côté du
carré cherché.

Problème 44.

Diviser le carré c *en quatre parties égales, parallèlement à la diagonale* AC (fig. 44).

Je cherche une moyenne proportionnelle entre

fig. 42.

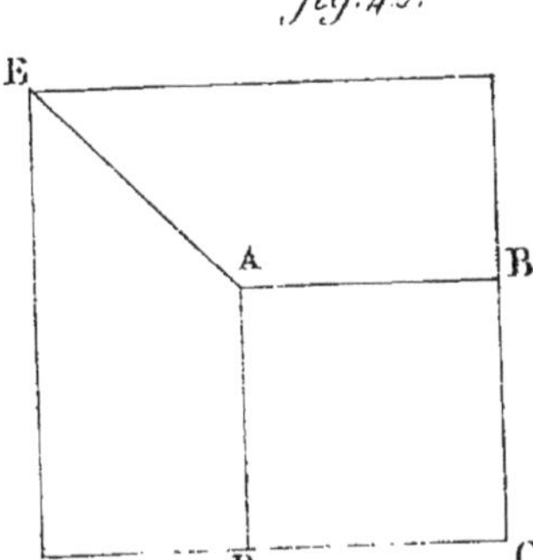

fig. 43.

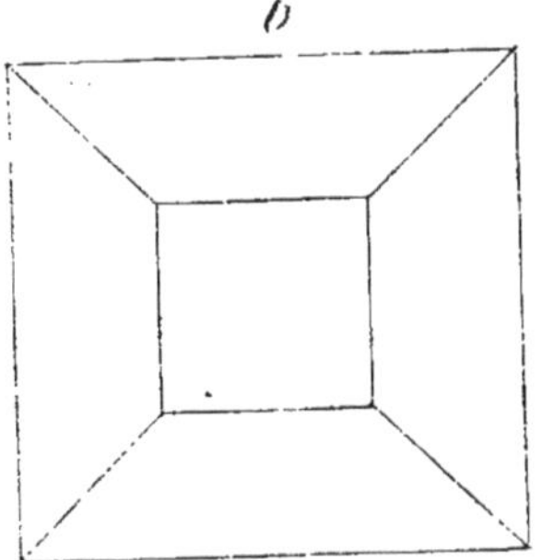

fig. 44.

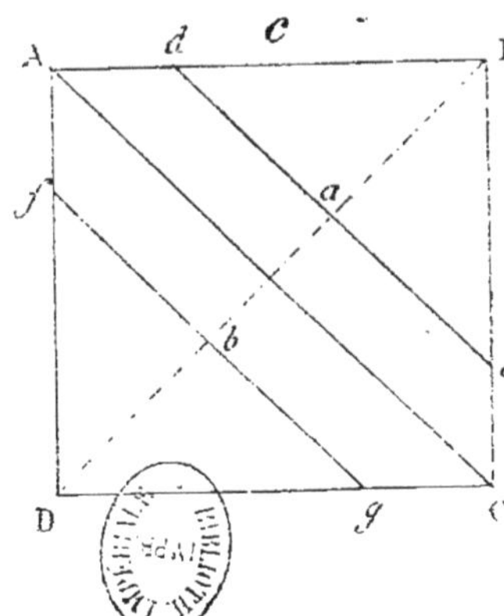

fig. 45.

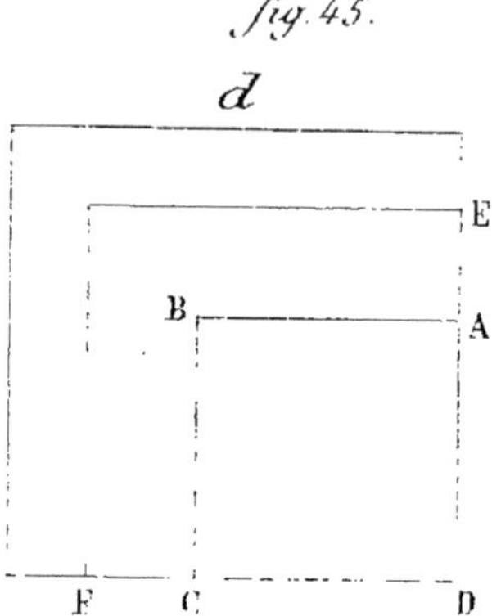

fig. 46.

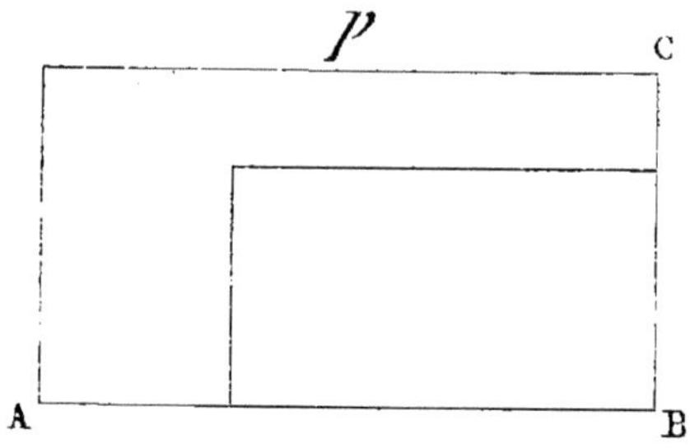

la moitié de la diagonale BD ou AC et le quart de cette diagonale, je porte cette moyenne proportionnelle de B en *a* et de D en *b*; je mène les lignes *de*, *fg* parallèlement à la diagonale AC; ces lignes divisent le carré proposé de la manière requise.

Problème 45.

Diviser le carré d *en trois parties égales, deux hexagones et un carré* (fig. 45).

J'obtiens le côté du carré, en prenant une moyenne proportionnelle entre un des côtés du carré *d* et le tiers de ce côté.

Les points E F s'obtiennent par une moyenne proportionnelle entre le côté du carré *d* et les deux tiers de ce côté.

Problème 46.

Diviser le rectangle p *en deux parties égales, dont l'une soit un rectangle semblable au rectangle total* (fig. 46).

Je prends une moyenne proportionnelle entre AB et la moitié de AB, et une autre entre CB et la moitié de CB.

L'analogie qui existe entre les carrés, les rectangles et les parallélogrammes, quant à la division graphique, me dispensera de m'étendre davantage sur le partage de ces polygones en parties égales.

Problème 47.

Diviser le parallélogramme t en cinq parties égales, aboutissant à l'angle donné A (fig. 47).

Je divise les côtés A'B, BC, chacun en dix parties égales, je prends deux de ces parties, et je mène les lignes A*a*, A*b*, *c*A et *d*A.

Problème 48.

Partager le trapèze ABCD en trois parties égales par bout (fig. 48).

Je divise chaque base en trois parties égales, et des points de division je mène les lignes *a b*, *c d*; le trapèze se trouve ainsi divisé en trois parties égales.

Problème 49.

Diviser le trapèze ABCD en deux parties égales, en partant d'un point O où se trouve une source (fig. 49).

Après avoir coupé chaque base en deux sections

fig. 47.

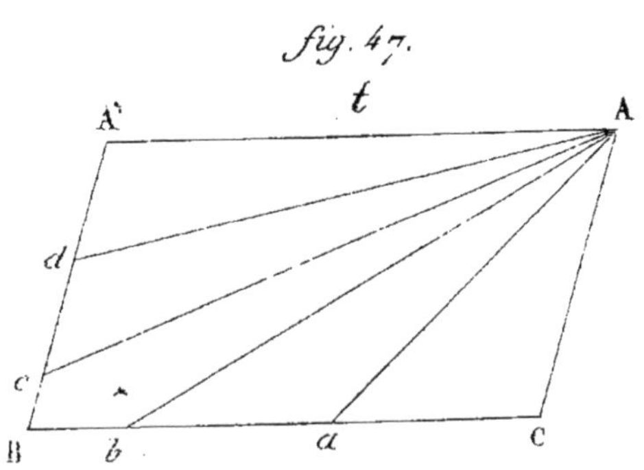

fig. 48.

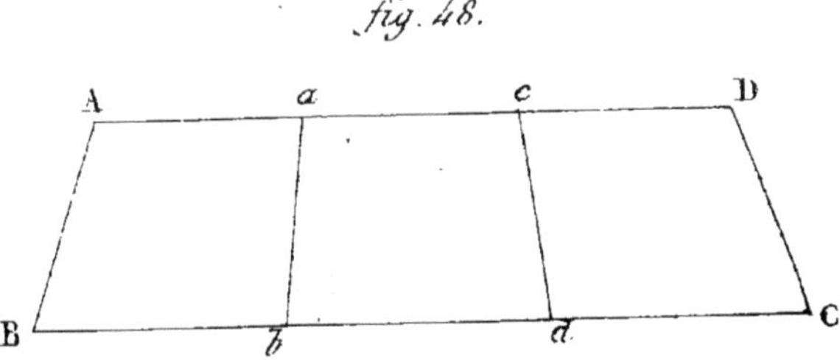

fig. 49.

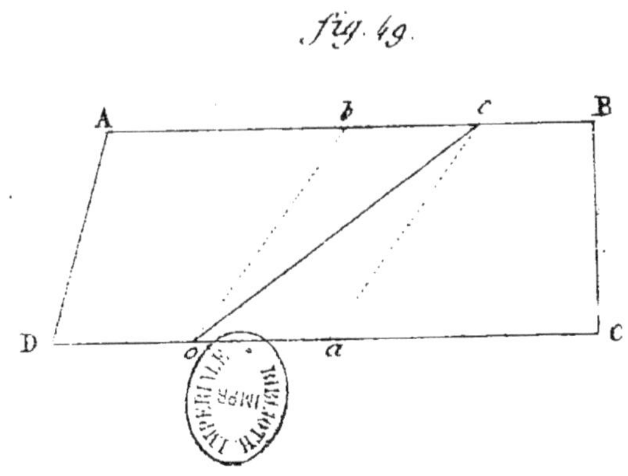

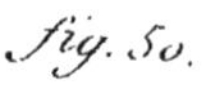

fig. 50.

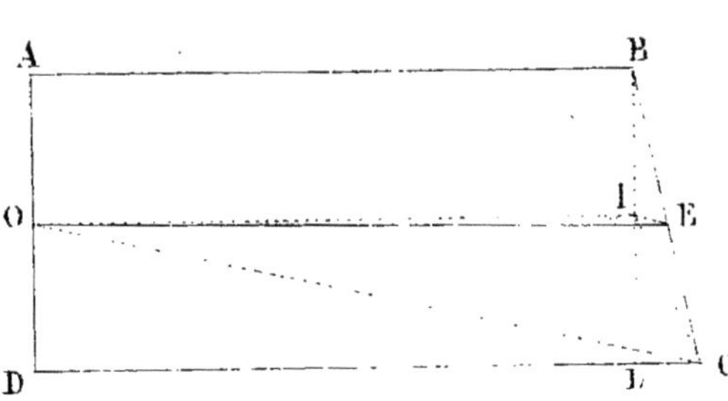

fig. 51.

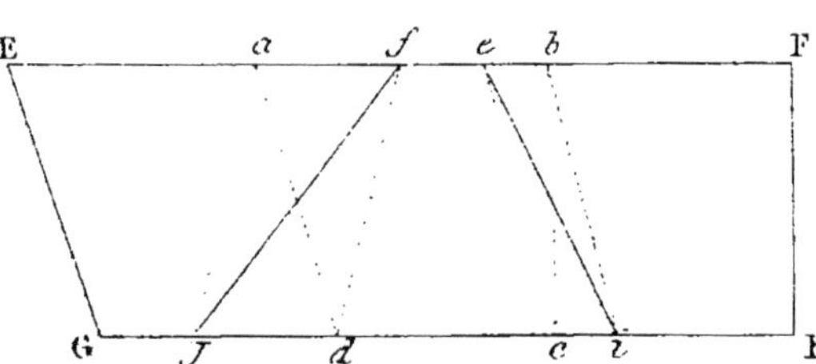

égales, je mène les lignes *o b* et *b a*, puis *a c* parallèle à *o b*, et je joins les points *o* et *c* par une ligne qui divise le trapèze dans les conditions du problème.

Problème 50.

Partager le quadrilatère ABCD *en deux parties égales* (fig. 50).

Je divise le côté AD et sa parallèle BL chacune en deux parties égales, et je mène OI. Après avoir mené la diagonale OC du point I, je mène IE parallèle à cette diagonale, puis je tire OE qui est la ligne qui coupe le quadrilatère ABCD en deux parties égales.

Problème 51.

Diviser le trapèze EFGH *en trois parties égales, en partant de deux points donnés* IJ (fig. 51).

Après avoir divisé chacune des deux bases en trois parties égales, je joins par des lignes les points de sections correspondants *a d*, *b c*, je joins aussi le point I au point *b* et le point J au point *a ;* je mène ensuite *d f* parallèle à *a* J et *e c* parallèle à I *b ;* je tire les lignes J *f* et *e* I qui divisent le polygone dans les conditions requises.

Problème 52.

Partager dans le sens de sa longueur le trapèze ABCD *en trois parties égales* (fig. 52).

Je divise les lignes AB, CD en trois parties égales, et je joins les points de sections par les lignes *a b* et *c d*.

Problème 53.

Diviser, dans le sens de sa largeur, le trapèze ABCD *en deux parts qui soient entre elles dans le rapport des nombres 1, 3, 4* (fig. 53).

Comme la somme des nombres 1, 3, 4 est égale à 8, je divise chacune des deux bases en huit parties égales que je sépare les unes des autres par des transversales ponctuées; avec l'une quelconque de ces parties, A*a*, B*b*, je forme la première part; je prends les trois suivantes pour former la deuxième et les quatre dernières pour former la troisième.

Problème 54.

Partagez le quadrilatère irrégulier ABCD *en deux parties égales* (fig. 54).

Avant de procéder à la division de ce polygone,

fig. 52.

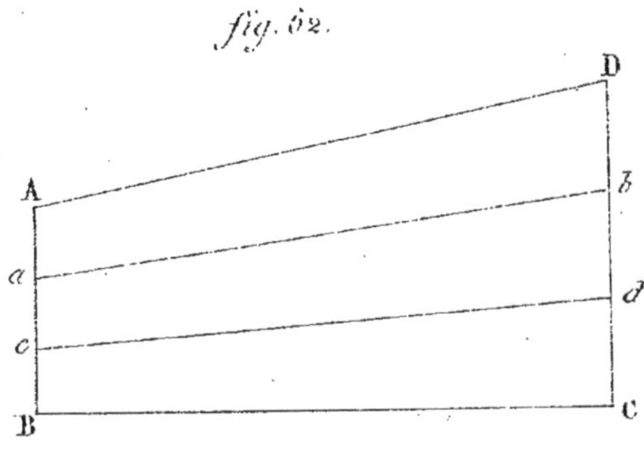

fig. 53.

fig. 54.

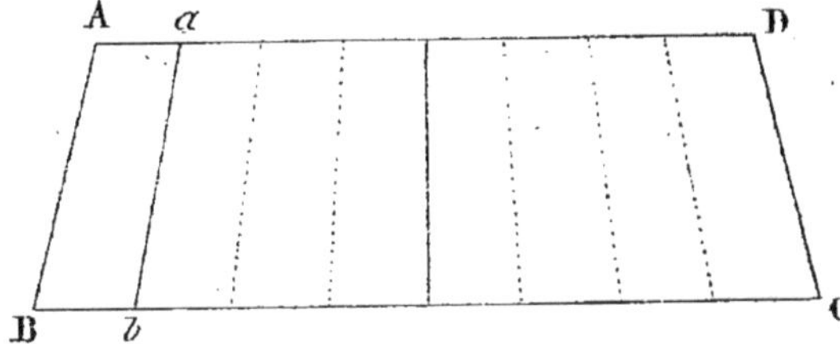

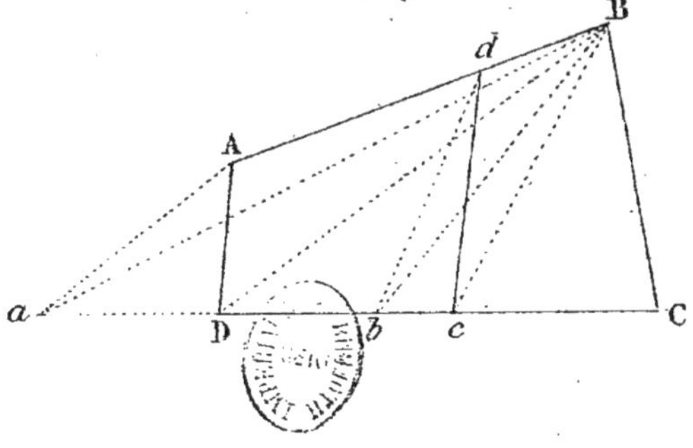

Pl.48

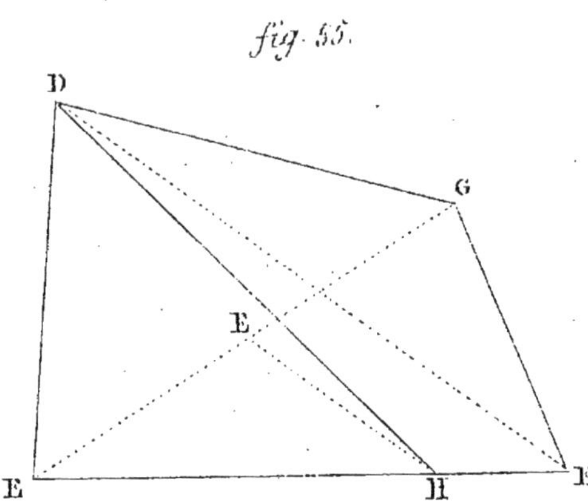

fig. 55.

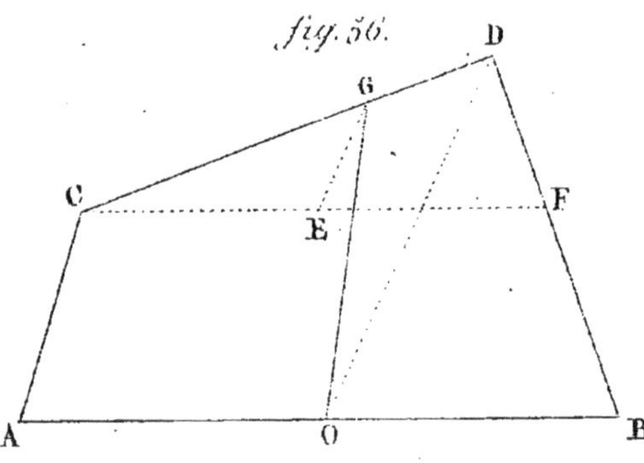

fig. 56.

je le convertis en un triangle aBC qui lui est égal
en surface; je divise ensuite la base aC de ce triangle en deux parties égales; du point de section b,
à l'angle opposé B, je tire la ligne bB, et du milieu c de la base du quadrilatère, je mène cB;
enfin, si par le milieu b de la base du triangle je
fais passer une ligne bd parallèle à cB, et que je
joigne cd, j'aurai résolu le problème.

Problème 55.

Partager le quadrilatère irrégulier DEFG *en
deux parties égales par une droite tirée de l'angle* D
(fig. 55).

Après avoir tiré par le point E, milieu de la
diagonale EG, la droite EH, parallèle à l'autre
diagonale DF, je mène la droite DH qui divise le
polygone en deux parties égales.

Problème 56.

Du point donné O, *diviser le quadrilatère* ABDC
en deux parties égales (fig. 56).

Après avoir mené CF, parallèle à AB, je joins
le point donné O à l'angle D; ensuite je mène
EG, parallèle à DO, et si je tire GO, cette ligne
partagera le polygone de la manière requise.

Problème 57.

Diviser le quadrilatère A B C D *en deux parties égales par une ligne parallèle au côté* D A (fig. 57).

Après avoir transformé le quadrilatère proposé en un triangle A D E, qui lui est égal en surface, je prolonge le côté D C en G jusqu'à la rencontre de A B prolongé; je cherche le milieu O de A G; de ce point, avec une ouverture de compas égale à la moitié de A G, je décris le demi-cercle A I G ; au point F, milieu de A E, j'élève la perpendiculaire F I, puis du point G, comme centre, avec une ouverture de compas égale à G I, je décris l'arc I H ; son intersection avec la ligne A G détermine le point H, par où la parallèle H J doit passer ; tirant cette ligne, le polygone donné se trouve divisé de la manière requise.

Problème 58.

Diviser le quadrilatère A B C D *en trois parties égales aboutissant à l'angle* A (fig. 58).

Après avoir converti le polygone proposé en un triangle qui lui soit équivalent, je divise la ligne B E en trois parties égales, et du point A donné, je tire A*a*, A*b* qui divisent le polygone A B C D en trois parties égales.

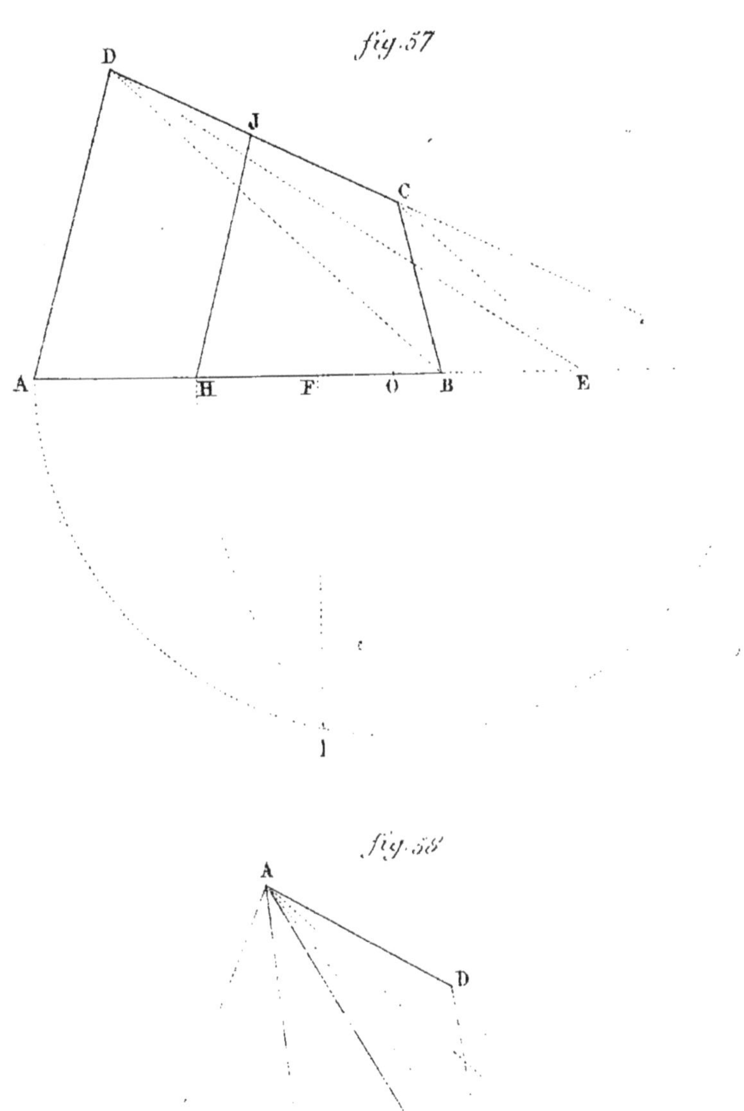
fig.57
D
J
C
A H F O B E G
I
fig.58
A
D
B a b c E

Pl. 50

fig. 59

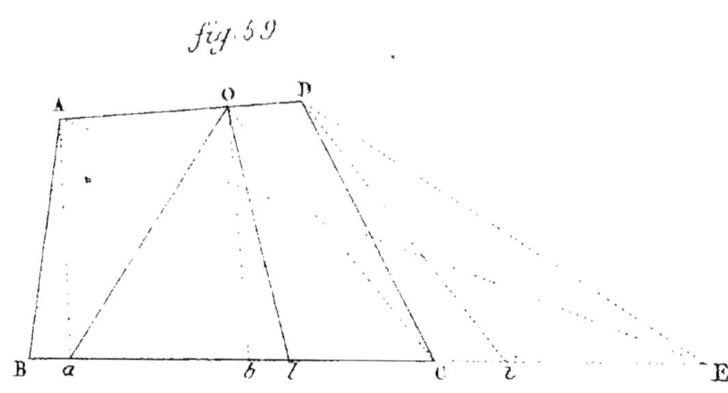

fig. 60.

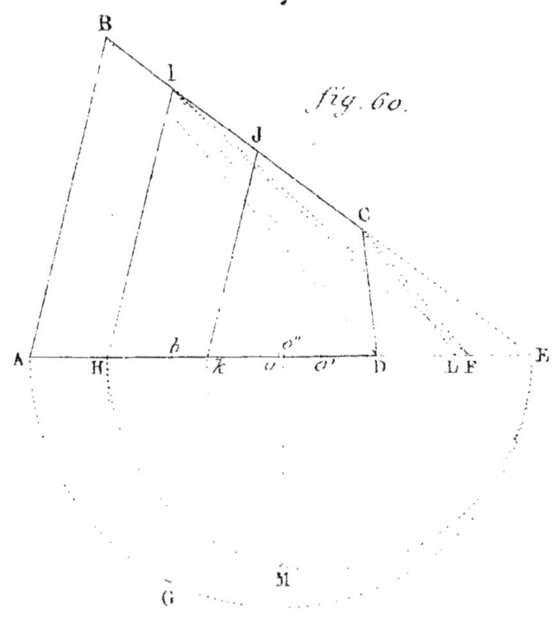

Problème 59.

Diviser le quadrilatère ABCD *en trois parties égales par deux lignes tirées d'un point donné* O (fig. 59).

Après avoir, comme dans les problèmes précédents, converti le quadrilatère proposé en un triangle ABE qui lui soit équivalent, je fais Bb égal au tiers de B E ; ayant tiré A a, parallèle à O b, et D i, parallèle à OC, je fais al égal à la moitié de $a\,i$, et je mène les droites $a\,o$, $o\,l$ qui divisent le quadrilatère proposé en trois parties égales.

Problème 60.

Diviser le quadrilatère ABCD *en trois parties égales par deux lignes parallèles au côté* AB (fig. 60).

Après avoir transformé le quadrilatère proposé en un triangle BAF qui lui est égal en superficie, et avoir prolongé les côtés BC et AD jusqu'à leur rencontre en E, je fais Ab égal au tiers de AF, et je cherche une moyenne proportionnelle EH entre AE et bE, ou pour abréger, du milieu O de AF, je décris une demi-circonférence AGE ; au point d'intersection b, j'abaisse la perpendiculaire bG ; du point E, pris pour centre, avec un rayon EG, je décris l'arc G H, et si par le point H je mène

HI parallèle à AB, j'aurai formé le trapèze ABIH, égal en surface au tiers du polygone proposé.

Pour obtenir la deuxième parallèle JK, je procède de la même manière, c'est-à-dire que je convertis la partie restante IHDC du polygone total en un triangle HIL, équivalent à cette même partie ; que du milieu o' de HE, je décris la demi-circonférence HME ; qu'au point O″, milieu de LH, j'abaisse la perpendiculaire O″M ; que du point E, je décris l'arc MK, et qu'enfin par le point K je mène parallèlement à BA la ligne KJ qui sépare la partie restante en deux parties égales ; mais comme deux parties égales chacune à une troisième sont égales entre elles, le polygone se trouve donc divisé en trois parties égales, ainsi que le comporte l'énoncé du problème.

Problème 61.

Diviser le quadrilatère ABCD en trois parties égales par des lignes tirées des angles opposés DB (fig. 61).

Après avoir transformé le quadrilatère proposé en un triangle équivalent ADE, je fais AF égal au tiers de AE et je mène FD que je prolonge jusqu'à sa rencontre en G avec la ligne CE prolongée ; ayant divisé la distance FG en deux également au point H, je tire HB ; cette ligne, avec

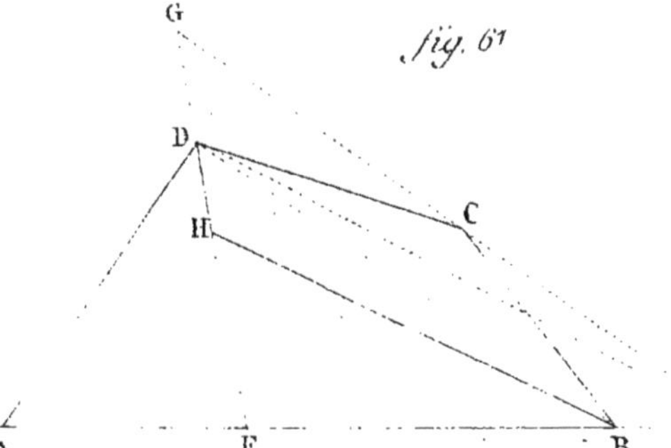

fig. 61

fig. 62.

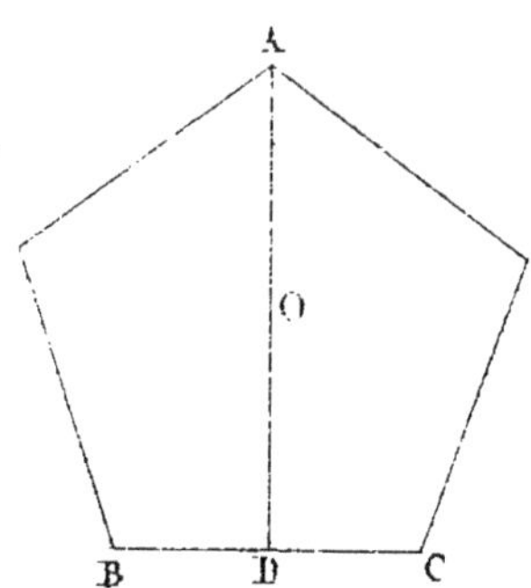

fig 63.

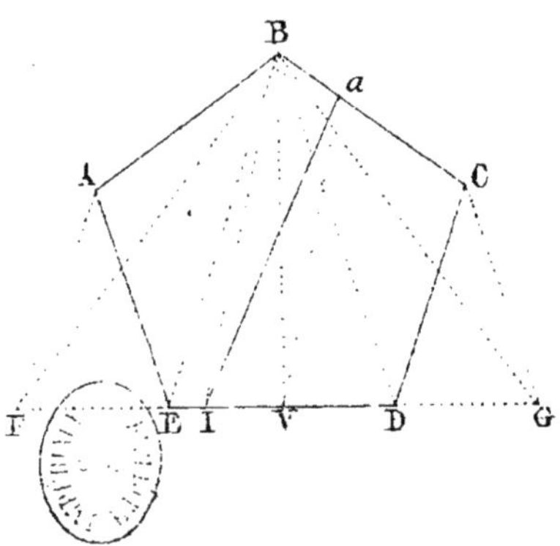

celle D F, divise le polygone donné en trois parties égales.

Problème 62.

Diviser le polygone régulier O en deux parties égales (fig. 62).

Après avoir divisé un côté quelconque de ce polygone, B C par exemple, je tire de l'angle opposé A la ligne A D, qui satisfait à la proposition.

Problème 63.

Diviser le pentagone régulier A B C D E par une ligne tirée d'un point donné a sur le côté ED (fig. 63).

Après avoir transformé le polygone donné en un triangle équivalent B F G, et en avoir divisé la base en deux parties égales au point V, je tire les lignes V a, V B; je mène à V a la parallèle I B, et du point I, je tire I a qui divise le pentagone en deux parties égales.

Problème 64.

Diviser en deux également un pentagone de même

5.

dimension que le précédent par une ligne parallèle au côté D E (fig. 64).

Après avoir converti le pentagone proposé en un triangle équivalent A F G, je divise la base F G de ce triangle en deux parties égales au point O, et je mène O A; par le point A, je mène une parallèle au côté donné E D qui se trouve ici être la même que la diagonale A C, parce que la figure proposée est régulière; je prolonge ensuite les côtés A E, C D jusqu'à leur rencontre en H, puis je cherche une moyenne proportionnelle entre H C et H O; sa longueur H *b* détermine le point *b* par où la parallèle *ab* doit passer; menant cette parallèle, j'aurai divisé le pentagone A B C D E en deux parties égales.

Problème 65.

Diviser le pentagone régulier en quatre parties égales par deux lignes perpendiculaires entre elles (fig. 65).

Je divise l'un des côtés AB, par exemple, en deux également au point *a*, duquel je tire, à l'angle opposé D, la droite *a*D, qui divisera le pentagone régulier en deux parties égales. Après cela je divise, par le procédé employé dans le problème précédent, le même pentagone en deux également par la droite *c b*, parallèle au côté A B;

fig. 64

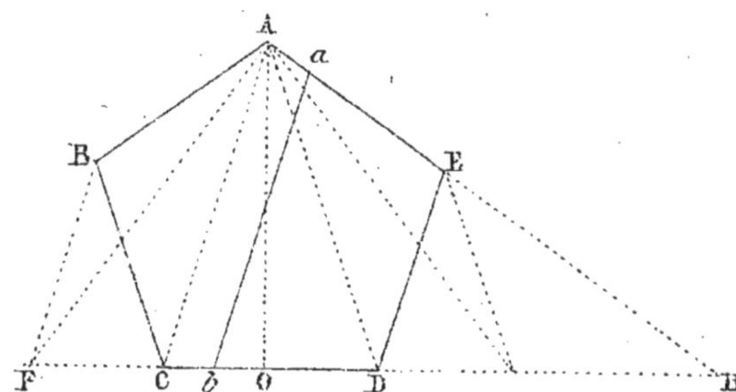

fig. 65.

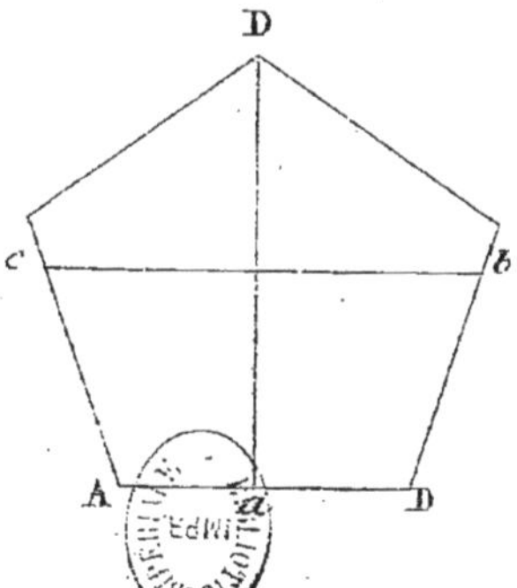

fig. 66.

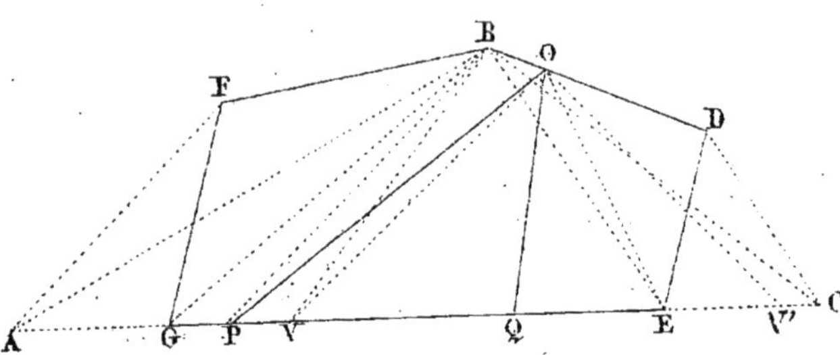

fig. 67.

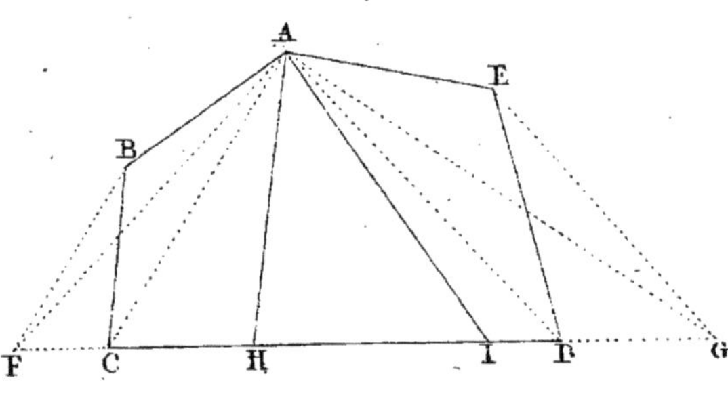

ces deux lignes *a*D, *c b* diviseront le pentagone
proposé en quatre parties égales.

Problème 66.

Diviser en trois parties égales le polygone irrégu-
lier FBDEG *par deux lignes tirées d'un point*
donné O (fig. 66).

Après avoir réduit le polygone proposé en un
triangle équivalent ABC, et avoir fait AV égal au
tiers de A C, je mène les droites VO, VB, et je tire,
par le point B, la ligne BP parallèle à OV, ce qui
donnera sur la base le point P, par lequel je mène
au point donné la ligne PO.

Cela fait, je réduis la figure PODE au triangle
POV', et je divise en deux parties égales la base
de ce nouveau triangle au point Q ; de ce point
au point O donné, je mène la ligne QO, laquelle,
avec la précédente PO, divisera le polygone proposé en trois parties égales.

Problème 67.

Diviser en trois parties égales le polygone donné
ABCDE *par deux lignes tirées de l'angle* A
(fig. 67).

Après avoir converti le polygone proposé en un
triangle équivalent AFG, je divise la base de ce

triangle en trois parties égales; aux points de section H I, je tire les lignes H A, A I qui divisent le polygone proposé en trois parties égales.

Problème 68.

Diviser le polygone A B C D E *en trois parties égales par deux lignes tirées des points* 1 O *sur le côté* A E (fig. 68).

Après avoir réduit le polygone donné en un triangle équivalent AFG, et avoir fait FP égal au tiers de F G, je mène par le point A la ligne A Q parallèle à PI et je tire QI.

De même, après avoir réduit le quadrilatère Q I E D au triangle I Q L et avoir divisé la base Q L en deux également au point S, je tire, par le point I, la ligne IS parallèle à O R, et je mène S O qui, avec la précédente Q I, divise le polygone dans les conditions du problème.

Problème 69.

Diviser l'hexagone régulier A *en deux parties égales* (fig. 69).

Si je joins, par la ligne A B, l'angle A à son opposé B, cette ligne partagera l'hexagone proposé en deux parties égales.

fig. 68.

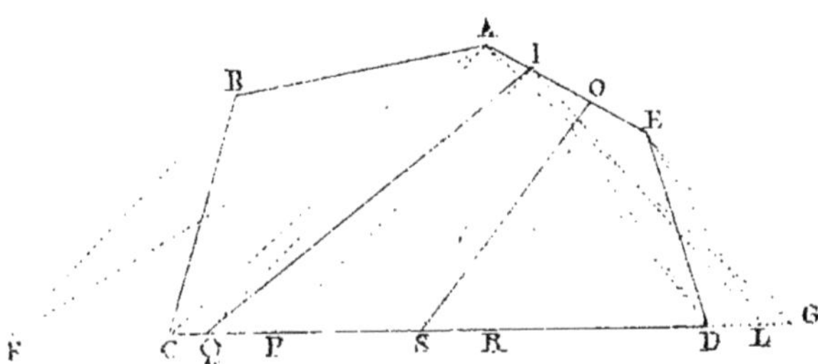

fig. 69.

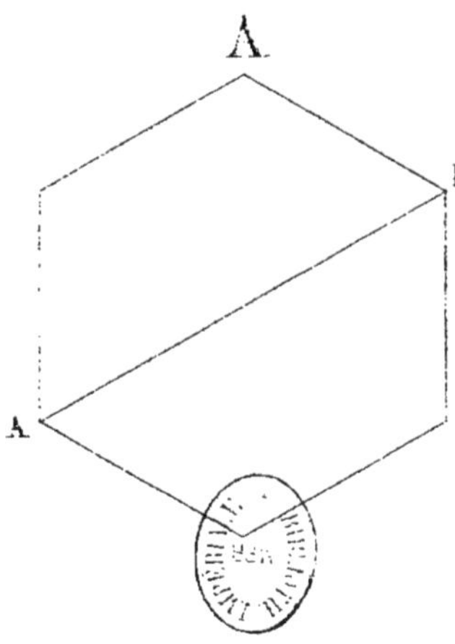

fig. 70.

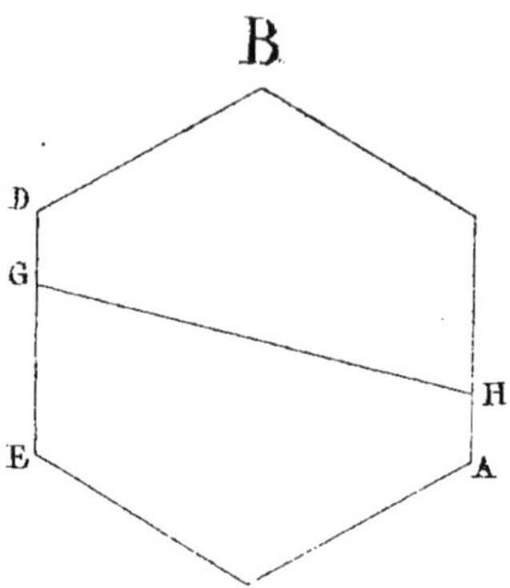

fig. 71.

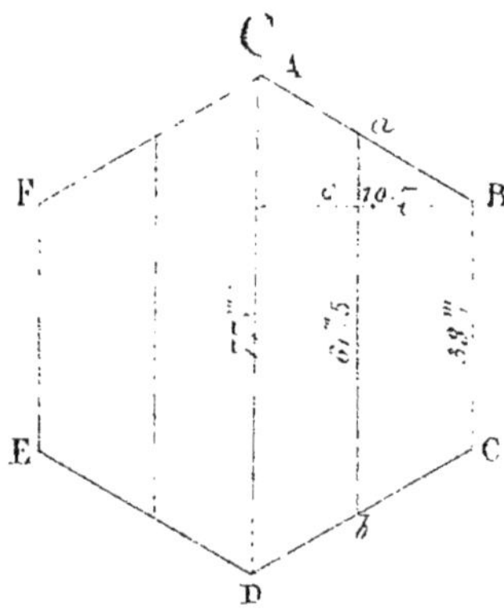

Problème 70.

Diviser l'hexagone régulier B *en deux parties égales par une ligne tirée d'un point donné* H *sur le côté opposé* D E (fig. 70).

Je prends, sur D E, la ligne D G égale à A H, et je tire H G qui divise le polygone proposé en deux parties égales.

Problème 71.

Diviser l'hexagone régulier C *en quatre parties égales par deux lignes parallèles aux côtés* B C, F E (fig. 71).

La surface du demi-hexagone ou du trapèze A B C D est de 19^a,55 , dont la moitié est de 9^a,77^c,50.

Pour obtenir la longuenr de ligne de division ab, je multiplie 57^m,5, demi-somme des bases parallèles, par leur différence 39, puis j'ajoute au produit 2342,5 de ces deux quantités 1444, carré de 38, et de leur somme 3786,5, je tire la racine carrée 61,5, valeur de $a b$, et pour avoir la distance C B, je divise 9^a,77^c,50, demi-surface du trapèze A B C D, par 49,75, demi-somme des parallèles B C, $a b$; le quotient 19,7 est cette distance. Même opération à l'égard du trapèze A F E D.

Problème 72.

Diviser l'hexagone régulier D *en quatre parties égales et semblables entre elles* (fig. 72).

Je mène, par le milieu de AB, la perpendiculaire CD qui divise l'hexagone proposé en quatre parties égales et semblables entre elles.

Problème 73.

Partager l'hexagone régulier en quatre parties égales semblables entre elles et semblables à l'hexagone total (fig. 73).

Après avoir divisé les lignes BC, CD, EF et FA, chacune en deux parties égales, je mène, perpendiculairement à ces lignes, aux points de divisions *a, e, d, f* les lignes *ab, fg*, etc., égales chacune à F*a* ou F*f*, et je joins leurs extrémités par les droites *bi, ig;* le polygone proposé se trouve, par ce moyen, divisé en quatre parties égales et semblables.

Problème 74.

Diviser l'hexagone A *en six parties égales et semblables entre elles* (fig. 74

Le procédé à suivre pour arriver à la division

fig. 72

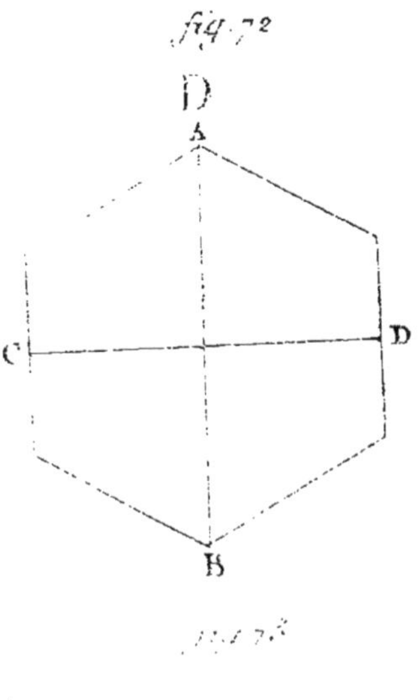

fig. 73

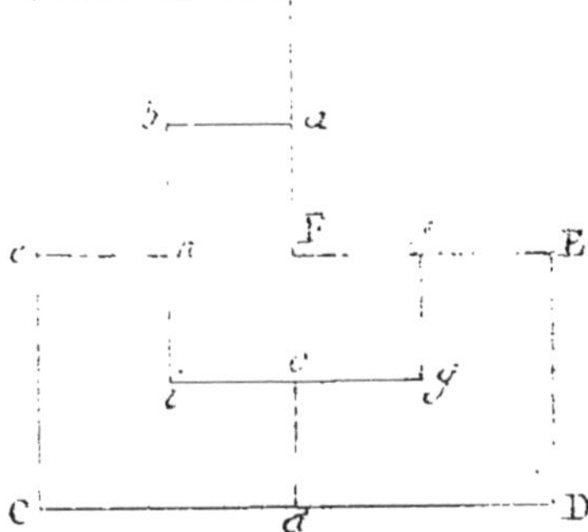

fig. 74

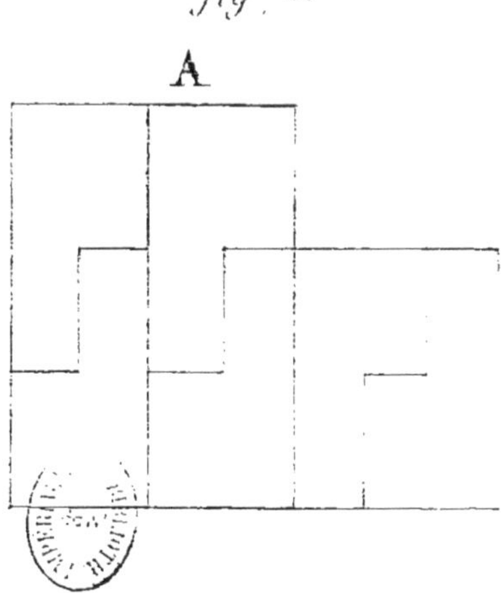

fig. 75.

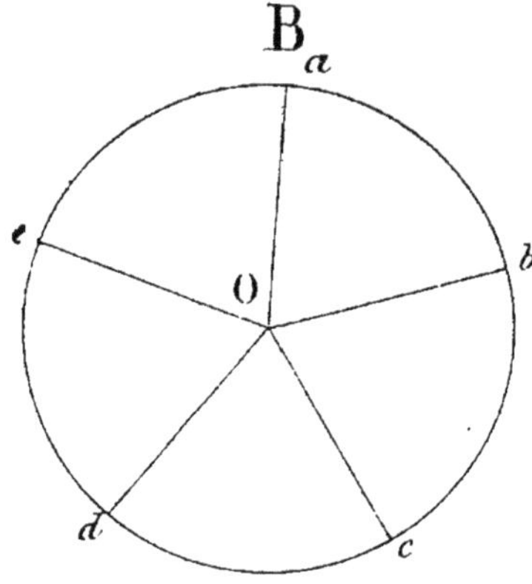

fig. 76.

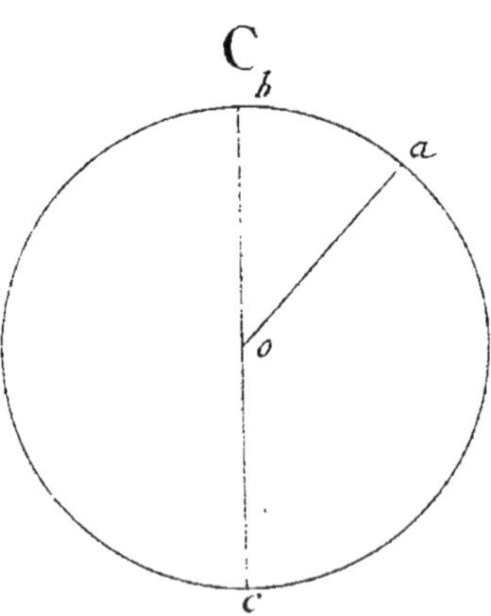

de cette figure en six parties égales étant tout à fait identique à celui employé dans le problème précédent pour la division en quatre parties égales, je me dispenserai d'en parler; j'ajouterai seulement que les lignes homologues de cette figure, comparée avec la précédente, au lieu d'être divisées en deux, devront l'être en trois, et que les homologues à B A et à E D devront l'être en deux.

Problème 75.

Partager la surface du cercle B *en cinq parties égales par les rayons* O *a,* O *b,* O *d, etc.* (fig. 75).

Je divise la circonférence du cercle donné en cinq parties égales, et je mène les rayons O *a,* O *b,* etc.

Problème 76.

Diviser la surface du cercle C *en trois parties qui soient entre elles comme les nombres* 1 , 3 , 4 *par trois lignes partant du centre à la circonférence* (fig. 76).

Comme la somme des nombres 1, 3, 4 est égale à 8, je divise la circonférence de ce cercle en huit parties égales, et je mène les rayons O *a,* O *b* et O *c.*

Problème 77.

Diviser la surface du cercle D *en deux parties qui soient entre elles comme* 3 *est à* 7 *par une ligne passant par un point* O *donné dans l'intérieur de ce cercle* (fig. 77).

De 2401, carré de 49, je soustrais 324, carré de 18, et du produit 890 de leur différence par 3/7, j'extrais la racine carrée 29^m,83. Du point C, avec une ouverture de compas égale à 29^m,83, je décris un arc de cercle qui coupe la circonférence en un point *d*; de ce point, en passant par le point C donné, je mène la ligne de division *de* qui divise le cercle D dans le rapport demandé.

Problème 78.

Diviser la surface du cercle E *en deux parties égales par une ligne parallèle à la circonférence* (fig. 78).

Une moyenne proportionnelle entre le rayon *ab* du cercle total et la moitié de ce rayon donne le rayon *bc* du petit cercle.

fig. 77.

D

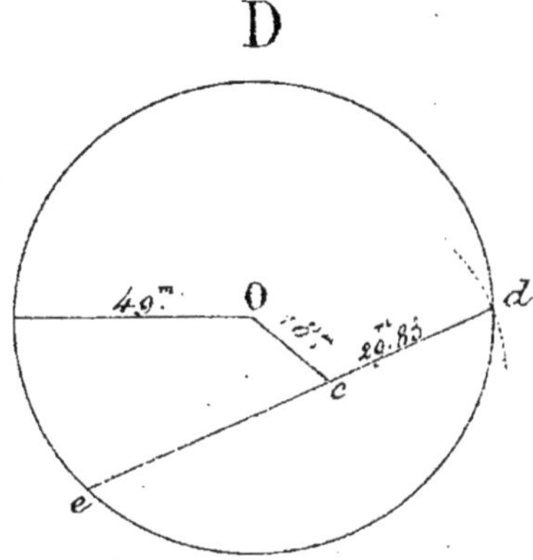

fig. 78.

E

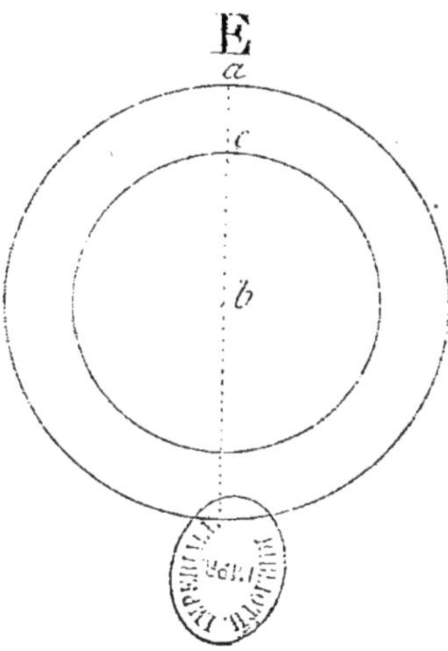

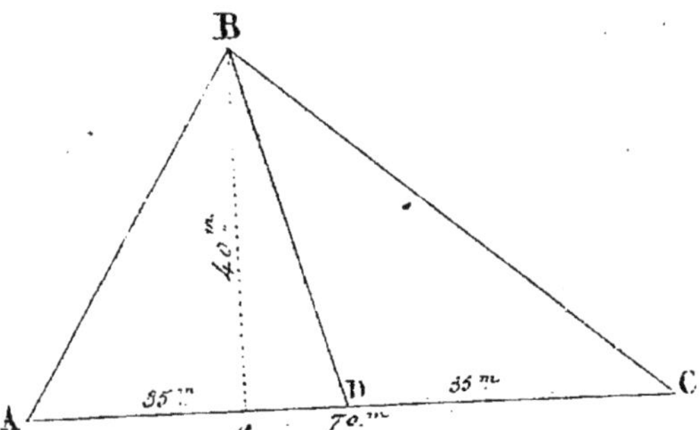

fig. 79.

SECONDE PARTIE.

SOLUTIONS PAR LES MESURES NATURELLES.

DIVISION DES TRIANGLES (1).

Próblème 79.

Partager le triangle A B C *en deux parties égales par une ligne tirée de l'angle* B *sur la base* A C (fig. 79).

A partir de A ou de C, je prends, sur la base A C, une longueur de 35^m égale à la moitié de cette base, et au point D, où se termine cette longueur; à partir de A, je mène BD qui établit le partage demandé.

Les deux triangles qui résultent de cette division sont égaux en surface, puisque, par construction, la base de l'un est égale à celle de l'autre et qu'ils ont une hauteur commune B*e*.

(1) Je m'abstiendrai dans cette seconde partie, comme dans la première, de faire aucune démonstration pour les motifs exprimés dans la Préface.

Autre solution.

On pourrait aussi trouver la distance A D ou
DC par cette proportion :

Surface A B C $\cdot$ A C $\cdot\cdot$ surface A B D $\cdot$ A D,
ou substituant :

Surface 1400^{m} $\cdot$ 70 $\cdot\cdot$ 700 : x représentant la
valeur de A D ;

$$\mathrm{A\,D} = \frac{70 \times 700}{1400} = 35$$

Autre solution.

On pourrait encore avoir la distance A D ou DC
en divisant 700^{m}, moitié de la surface du triangle, par 20, moitié de sa hauteur; le quotient 35
exprimerait la longueur de A D ou de D C.

Problème 80.

Diviser le triangle rectangle D E F *en deux parties égales par une parallèle au côté* D E (fig. 80).

Je cherche une moyenne proportionnelle entre
la base EF $= 78$ et sa moitié 39; cette moyenne
proportionnelle détermine, à partir de F, la longueur du grand segment et fixe, sur la ligne EF,
le point H, par où la parallèle H I doit passer.

Opération.

$$78 \cdot x \cdot\cdot x \cdot 39$$

$$x^2 = 78 \times 39 = \sqrt{3042} = 55^{\mathrm{m}}10$$

fig. 80.

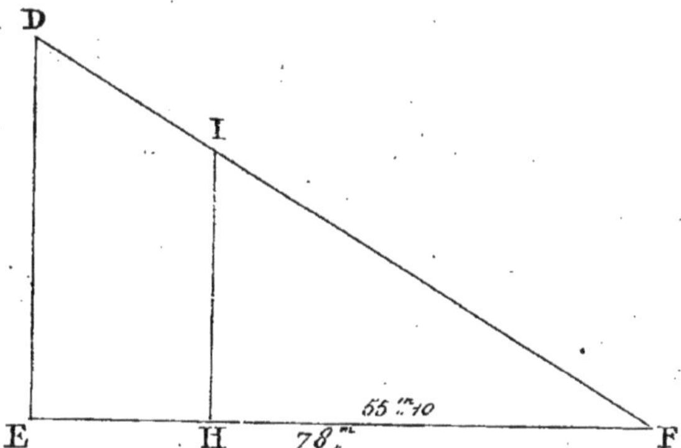

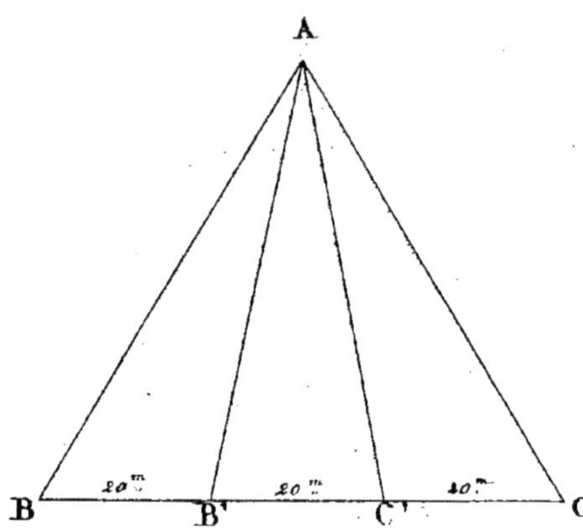

fig. 81.
A
B
B'
C'
C
20ᵐ
20ᵐ
40ᵐ

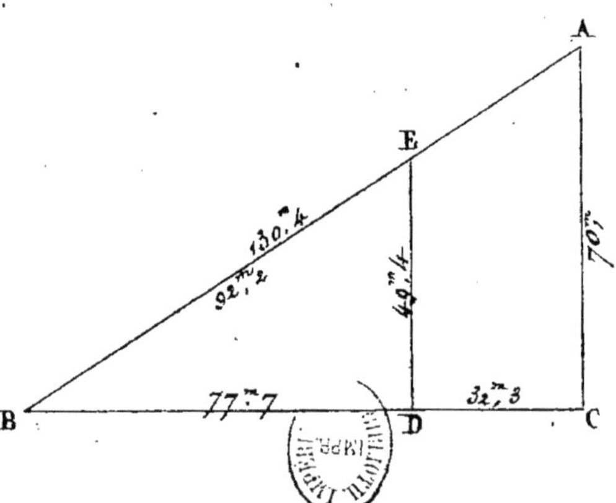

fig. 82.
A
E
B
D
C
130ᵐ,4
92ᵐ,2
49ᵐ,4
70ᵐ
77ᵐ,7
32ᵐ,3

Le produit de 78 × 39 = 3042 dont la racine carrée = 55^m,10, longueur que je porte de F en H ; je tire ensuite HI qui divise le triangle de la manière requise.

Problème 81.

Diviser le triangle équilatéral A B C *de* 60^m *de côté en trois parties égales* (fig. 81).

Je divise un côté quelconque, BC par exemple, en trois parties égales de chacune 20^m, et des points de section C′, B′, je mène les lignes AC′ AB′, et le problème est résolu.

Problème 82.

Diviser le triangle rectangle A B C *en deux parties égales, parallèlement au plus petit côté* (fig. 82).

Connaissant la longueur BC de 110 mètres, je cherche une moyenne proportionnelle entre la longueur de cette ligne et sa moitié, c'est-à-dire que je multiplie 110 mètres par 55, et que j'extrais la racine carrée du produit 6050 ; cette racine 77^m,7 est la moyenne proportionnelle qui exprime la longueur de BD, au bout de laquelle la ligne de division DE, parallèle à AC, doit être élevée. Si je veux connaître la longueur de DC, je retranche 77,7 de 110, et la différence 32,3 entre ces deux quantités est l'expression de cette longueur.

Si cette surface était un bois, j'obtiendrais la longueur de BE en prenant une moyenne proportionnelle entre AB et sa moitié, c'est-à-dire en multipliant 130^m,4 par 65^m,2 et en extrayant la racine carrée du produit 8502,^{m}08, cette racine 92^m,2 serait la longueur de BE, retranchant 92^m,2 de 130^m,4, il viendrait 38^m,2 pour la valeur de EA.

Si je voulais connaître numériquement la longueur de la ligne de division ED, je ferais cette proportion $110 : 70 :: 77,7 ; ED = \dfrac{70 \times 77,7}{110} = 49,^m4$; le quatrième terme 49^m,4 de cette proportion exprimerait la valeur de DE.

Je puis actuellement, au moyen de ces données, calculer séparément chacune des deux parties du triangle proposé, et conclure que, si leurs surfaces sont égales entre elles et égales en somme à la surface du triangle total, l'opération est exacte.

Ce qui a lieu en effet.

Problème 83.

Diviser le triangle rectangle ABC *de mêmes dimensions que le précédent, en deux parties égales, parallèlement au moyen côté* BC (fig. 113).

J'opérerai comme dans la solution précédente,

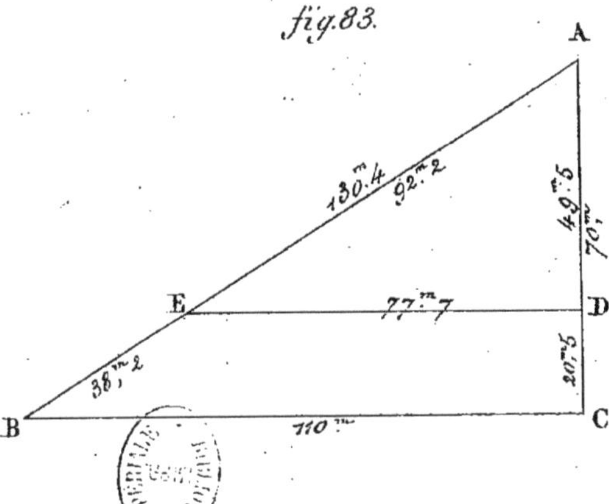

fig.83.
A
130.4
92.2
49.5
70.
E
77.7
D
38.2
20.5
B
110.
C

c'est-à-dire que je multiplierai la longueur A C de 70^m par sa moitié 35, et que du produit 2450 j'extrairai la racine carrée; la valeur de cette racine 49^m,5, prise sur A C, déterminera en D le point par où la ligne D E, parallèle à B C, doit passer; si je retranche cette quantité 49^m,5 de 70^m, la différence 20^m,5 sera la valeur de C, et j'aurai ainsi résolu le problème.

Si cette surface était un terrain couvert, un bois ou une vigne, j'agirais comme précédemment; je trouverais la longueur de la ligne A E exprimée en mètres et parties de mètre, en multipliant 130^m,4 longueur de A B par sa moitié 65^m,2, et du produit 8502,08 j'extrairais la racine carrée 92^m,2 qui est la valeur de A E; retranchant cette quantité 92^m,2 de 130,4, la différence exprimerait la distance BE.

Si je voulais connaître la longueur de la ligne séparative ED j'établirais cette proportion 70 : 110 :: 49^m,5 : E D,

$$ED = \frac{110 \times 49{,}5}{70} = 77^m{,}7.$$

Le quatrième terme de cette proportion donne la valeur de ED.

. Problème 84.

Diviser le triangle ABC *en deux parties égales, parallèlement à l'hypoténuse* BC *(fig. 84).*

Connaissant la perpendiculaire A D de 59^m, je multiplierai la longueur de cette ligne par sa moitié 29,5 et du produit 1740,50 j'extrairai la racine carrée ; cette racine exprimera la longueur A E ; retranchant la valeur de cette racine carrée 41,7 de la ligne totale 59, la différence 17,3 sera la valeur de E D ; menant par le point E la ligne G H parallèle à B C, le problème sera résolu.

Si la surface proposée était un terrain couvert, on chercherait la perpendiculaire par les procédés indiqués au chapitre préliminaire de cette seconde partie, et on opérerait comme il vient d'être dit aux problèmes précédents.

Je crois devoir néanmoins rappeler ici sommairement le moyen le plus simple et le plus rapide à la fois d'obtenir cette perpendiculaire pour tous les cas possibles, lorsqu'on connaît les trois côtés du triangle, ou lorsque l'on a à sa disposition le moyen de les obtenir. Établir d'abord cette proportion : le plus grand côté BC de 130^m,4 est à la somme des deux autres B A, 70^m et A C, 110, comme leur différence est à ce qu'il faut retrancher du plus grand côté pour qu'en prenant la moitié du reste, cette moitié à partir de B indique le point précis D où doit être élevée la perpendiculaire.

Fig. 84.

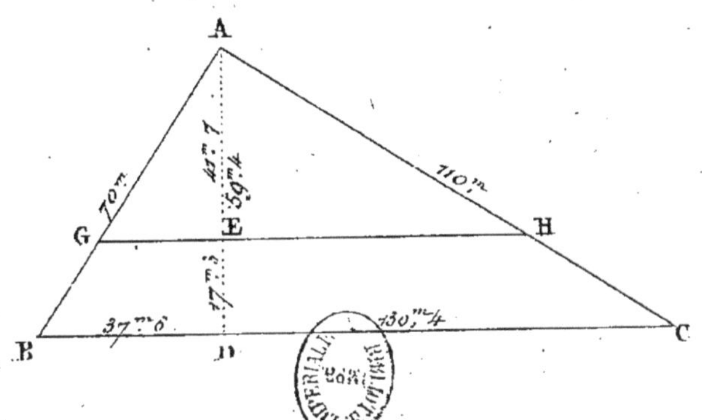

fig. 85.

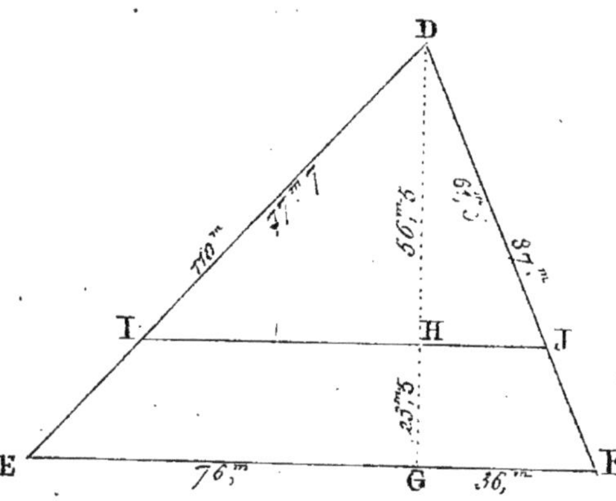

Éclaircissons par un exemple ce que cette indication pourrait avoir d'obscur ; rétablissons pour cela la proportion ci-dessus, en ayant soin toutefois d'effectuer les addition et soustraction indiquées : $130^m,4 : 110 + 70 :: 110 - 70$: ce qu'il faut retrancher de CB à partir de C, pour que la moitié du reste détermine le point D par où la perpendiculaire doit passer, ou $130,4 : 180 :: 40 : x = 55,2$. Ce quatrième terme $55^m,2$ est ce qu'il faut retrancher de $130^m,4$, pour que la moitié du reste ou de $75^m,2$ fixe le point où la perpendiculaire doit passer.

Connaissant BD égal à $37^m.6$, moitié de $75^m,2$, il est facile de déduire la longueur de la perpendiculaire, au moyen du carré de l'hypoténuse. (*Voir* carré de l'hypoténuse, pag. 2, 2ᵉ application). Si je retranche du carré de l'hypoténuse, 4900, le carré de BD, 1413,76, et que j'extraie la racine carrée de la différence 3486,24 de ces deux nombres, cette racine 59^m sera la longueur de la perpendiculaire.

Problème 85.

Diviser le triangle scalène DEF *en deux parties égales, parallèlement à la base* E F (fig. 85).

Je cherche, comme pour la solution des problèmes précédents, une moyenne proportionnelle entre la perpendiculaire DG de 80^m et sa moitié 40 et j'extrais la racine carrée du produit 3200; cette racine donne 56^m,5 pour la hauteur du triangle DIJ moitié du triangle total DEF. Retranchant cette longueur 56^m,5 de 80^m hauteur du grand triangle, il restera 23^m,5 pour la valeur de GH, et si par le point de section H de la division je mène IJ parallèle à EF, j'aurai résolu le problème.

Autre solution dans le cas d'un bois.

Après avoir déterminé la perpendiculaire par la méthode indiquée au problème précédent, je procède comme ci-dessus pour déterminer les dimensions DH, HG; je cherche par un moyen analogue les distances DI, DJ; d'abord pour obtenir DI, je multiplie 110^m, longueur du côté DE, par 55^m moitié de ce côté, et j'extrais la racine carrée 77^m,7 du produit 6050. Cette racine carrée est l'expression de la distance ID; j'en fais autant pour connaître la distance DJ; je multiplie 87^m longueur de DF par 43^m,5 moitié de cette longueur, et du produit 3784^m,5 j'extrais la racine carrée 61^m,5, qui est la longueur de DJ.

Si je veux connaître la distance IE, je retranche 77^m,7 de 110^m, la différence 32,3 donne la valeur de cette ligne, et si je retranche 61^m,5 de 87^m, la différence 25^m,5 donnera celle de JF.

Je pourrais encore obtenir les distances DI, DJ par les proportions suivantes :

80 : 56,5 :: 110 : $x = 77,7$ longueur de DI,
80 : 56,5 ::   87 : $x = 61,5$ longueur de D J.

Ce problème est encore susceptible d'une autre solution qui est celle-ci :

Puisque je connais la hauteur 80^m du triangle DEF et la somme des deux segments qui forment la base, il m'est facile d'en déterminer la surface en multipliant 112, valeur de cette base, par 40, moitié de la hauteur du triangle, ce qui donne une surface de 4480^m carrés, dont la moitié est de 2240 pour chaque portion.

Pour établir les points de division I, J, toujours dans le cas où cette surface serait impénétrable, j'établis cette proportion :

DEF, surface du triangle total, est au carré de D E comme D IJ est au carré de DI, ou en termes numériques :

4480 : $\overline{110}^2$ :: 2240 : $\overline{DI}^2$. Effectuant les calculs, il vient 4480 : 12100 :: 2240 : $\overline{DI}^2$.

$$\overline{DI}^2 = \frac{12100 \times 2240}{4480} \text{ et } Dl = \sqrt{6050} = 77^m,7,$$

et pour établir la valeur de D J je fais cette autre proportion, analogue à la précédente :

4480 : $\overline{87}^2$ :: 2240 : $\overline{DJ}^2$ effectuant, il vient

$$\overline{DJ}^2 = \frac{7569 \times 2240}{4480} \text{ et } DJ = \sqrt{3784,50} = 61,5,$$

comme dans la solution précédente.

Problème 86.

Partager le triangle HIJ *en deux parties égales par une perpendiculaire* ML *élevée sur le côté* IJ (fig. 86).

Après avoir élevé la perpendiculaire KH, qui détermine les segments IK $= 14^m$ et KJ, 56, je cherche une moyenne proportionnelle entre la base IJ et la moitié du grand segment KJ, en multipliant 70, longueur de la base du triangle, par 28, moitié du grand segment, et en extrayant la racine carrée 44,2 de leur produit.

Cette moyenne proportionnelle 44,2 est la distance JL qu'il faut prendre sur le côté JI, à partir de J et à l'extrémité de laquelle il faut élever la perpendiculaire LM qui sera la ligne séparative des deux portions.

Si la surface à diviser était un bois ou toute autre nature de terrain qu'on ne put traverser, voici les moyens à employer pour arriver à cette division :

Après avoir trouvé par le procédé ci-dessus la longueur JL qui est de $44^m,2$, je cherche JM par la proportion suivante : JK : JH :: JL : JM ; substituant des nombres aux lettres, on aura 56 : 75 :: 44,2 : JM.

$$JM = \frac{75 \times 44,2}{56} = 59^m,2.$$

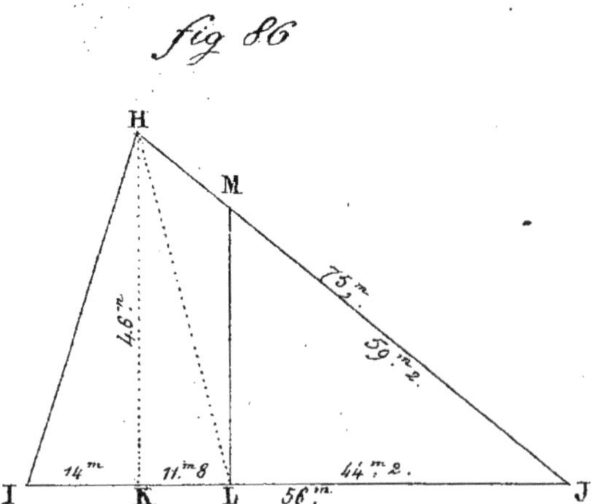
fig 86
H
M
75.m
59.m.2
4.6.m
14.m
11.m8
44.m.2
56.m
I
K
L
J

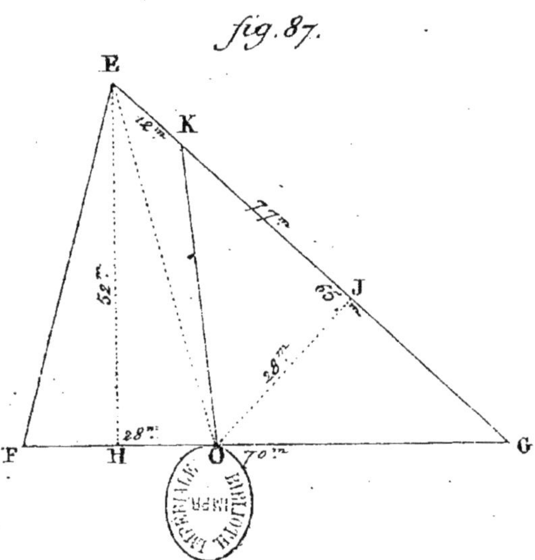

fig. 87.
E
K
12ᵐ
77ᵐ
52ᵐ
35°
J
28ᵐ
28ᵐ
F
H
O
70ᵐ
G

Je suppose ici que la ligne J H a pu être mesurée sur le terrain.

Autre solution.

Je fais la surface du triangle H I L , surface que j'obtiens en multipliant 23^m, demi-longueur de la perpendiculaire H K, par la somme des segments de la base de ce triangle qui est de $25^m,8$, et je retranche le produit $593^m,4$ carrés de la surface 1610^m carrés, du triangle total H I J. Ensuite je divise $1016^m,6$ carrés, différence de ces deux surfaces par $37^m,5$ moitié de J H, base du triangle H L J. Le quotient $27^m,2$ est l'expression de la valeur de la perpendiculaire imaginée L F.

Connaissant la longueur de cette ligne qui d'imaginaire est devenue positive, il me sera facile d'en déduire celle de J M, en divisant 805^m carrés, moitié de la surface du triangle total, par la moitié de $27,2$, longueur de L M.

Il vient pour résultat $59^m,2$ comme dans la solution précédente.

Problème 87.

Partager le triangle E F G *en deux parties égales, à partir d'un point* O *donné sur le côté* F G *à* 28^m *de l'angle* F (fig. 87).

Connaissant la longueur de la base $F G = 70^m$ et la hauteur $E H = 52^m$, je fais la surface du triangle que je trouve égale à 1820, dont la moitié est de 910^m pour chaque portion. Cela fait, je joins le point O donné à l'angle opposé E, et je fais la surface du triangle restant EOG au moyen de la perpendiculaire OJ que j'élève sur la base EG de ce nouveau triangle, et que j'obtiens par les moyens indiqués dans le problème précédent, surface que je trouve égaler 1078^m carrés : je cherche ensuite la distance GK par la proportion suivante :

$$EOG : EG :: KOG : GK,$$

substituant 1078 : 77 :: 910^m GK,

$$GK = \frac{77 \times 910}{1078} = 65.$$

Retranchant cette quantité 65 de 77, la différence 12 exprimera la distance KE et déterminera le point K par où la ligne de partage OK doit passer, et le triangle sera divisé de la manière requise.

Problème 88.

Deux personnes ont à se partager le triangle ABC *en deux parties proportionnelles aux nombres* 4 *et* 7, *et parallèlement à la base* BC; *opérer ce partage* (fig. 88).

Pour avoir sur la hauteur du triangle donné la

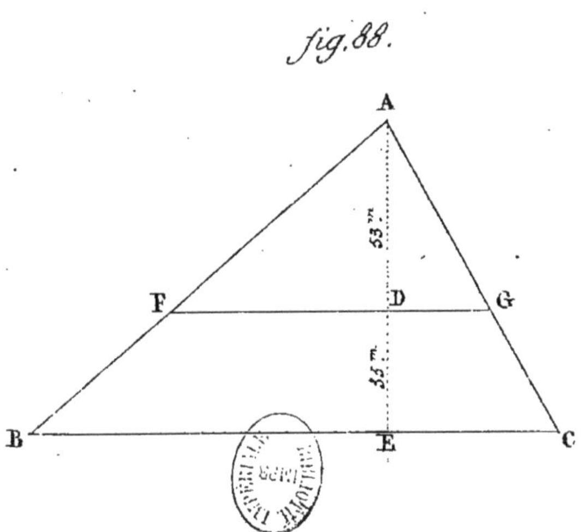

fig.88.
A
53 m
F
D
G
35 m
B
E
C

valeur de chaque portion, j'établis les deux proportions suivantes :

$$11 : 88 :: 4 : x = 32$$

et

$$11 : 88 :: 7 : x = 56.$$

Ces résultats obtenus, je prends une moyenne
proportionnelle entre la hauteur totale 88^m du
triangle ABC et 32, valeur du quatrième terme de
la première proportion ; pour cela, je multiplie
88 par 32, et du produit 2816 de ces deux nombres, j'extrais la racine carrée 53^m, quantité qu'il
faut prendre sur la perpendiculaire AE à partir
de A jusqu'au point D, pour déterminer la portion afférente à la personne qui doit avoir les
quatre onzièmes de la surface du triangle proposé. Retranchant 53^m de 88^m, la différence 35^m
exprimera la valeur de DE, hauteur de la portion
afférente à la personne qui doit en avoir les sept
onzièmes. Menant par le point de division D la
ligne FG, parallèle à BC, le problème sera résolu
dans le sens de son énoncé. On comprend facilement que si j'avais voulu prendre les 7 onzièmes
de la surface du triangle donné à partir de A,
j'aurais pris une moyenne proportionnelle entre
le produit de 56 par 88, laquelle aurait reporté le
point D à 70^m,1 de A.

Problème 89.

On propose de partager un terrain de forme triangulaire ABC de dimensions données, en deux parties égales, de manière que chaque partie aboutisse à une ruelle, qui est le seul passage pour l'exploitation de la propriété (fig. 89).

La surface totale du terrain étant de 45^a,92 (produit de la base 112^m par 41, moitié de la hauteur), chaque partie sera de 22^a,96. Le point R qui se trouve naturellement déterminé par le milieu de la ruelle, peut être considéré comme un point de division duquel on peut abaisser une perpendiculaire RS sur la ligne BC prise pour base.

La longueur de cette perpendiculaire est 52^m.

Connaissant la surface d'une partie et la hauteur du triangle qui la compose, il est facile d'en connaître la base en divisant la surface de cette partie, 22^a,96 par 26^m, moitié de la perpendiculaire RS : le quotient 88^m,3^d exprimera la longueur de cette base. Portant cette longueur de B en E et tirant la ligne de séparation RE, on aura résolu le problème.

Problème 90.

La surface du triangle DEF étant de 17^a,92,

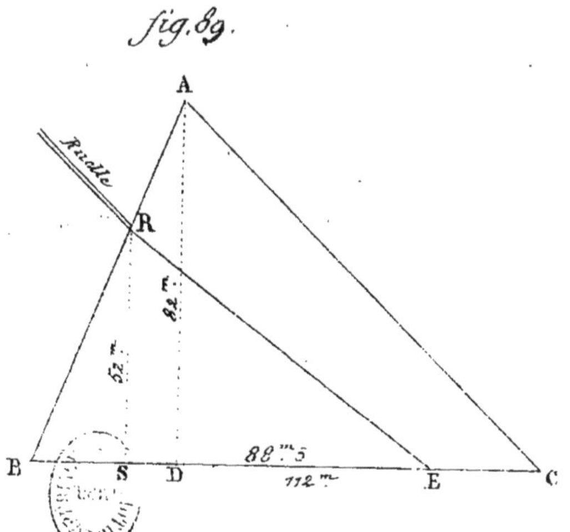
fig. 89.
Riddle
A
R
82.
52.
B
S
D
88.5
112.
E
C

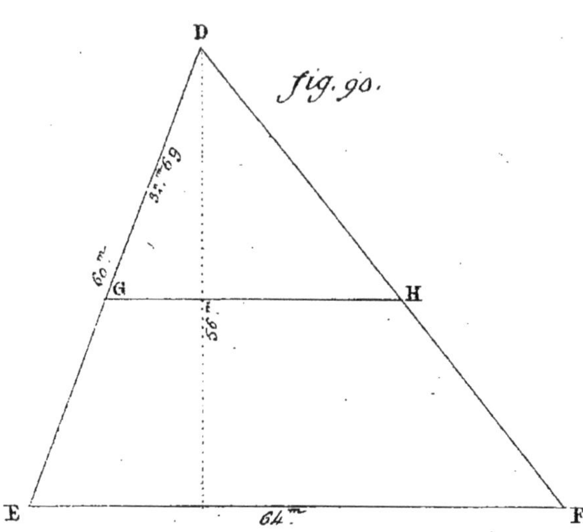
fig. 90.
D
3.ᵐ.69
60ᵐ
G
H
56ᵐ
E
64ᵐ
F

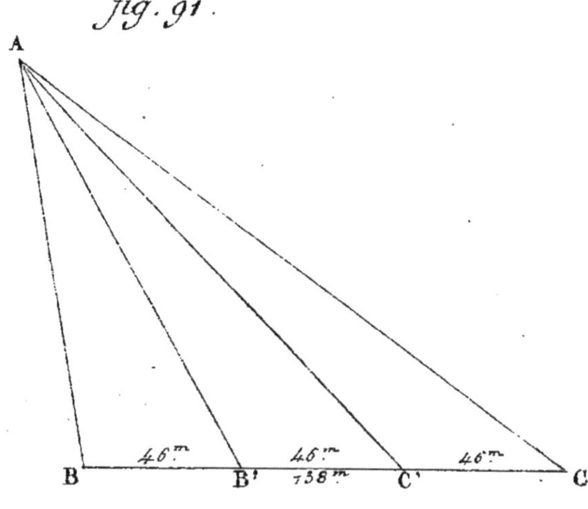
fig. 91.
A
46ᵐ
46ᵐ
46ᵐ
B
B'
738ᵐ
C'
C

diviser ce triangle en deux parties inégales, l'une de
5ᵃ , 32 et l'autre de 12ᵃ , 60, par une ligne pa-
rallèle au côté EF (fig. 90).

Le côté DE étant de 60 mètres, je cherche une
moyenne proportionnelle entre ce côté et le quatrième terme de cette proportion :

$$DEF : DE :: DGH : DG.$$

Substituant aux lettres leur valeur, on aura
17ᵃ ,92 : 60 : : 5ᵃ 32 : x.

$$x = \frac{60 \times 5,32}{17,92} = 17,81.$$

Je multiplie donc 60, valeur du côté DE, par
17,81, quatrième terme de la proportion ci-dessus, et du produit 1068,60 j'extrais la racine carrée 32ᵐ,69 qui mesure la distance DG; menant
du point G la ligne GH, parallèle au côté EF, le
problème se trouve résolu dans le sens de son
énoncé.

Problème 91.

Sur le côté BC, *pris pour base du triangle* ABC,
diviser ce triangle en trois parties égales (fig. 91).

Pour résoudre ce problème, je divise le côté
donné BC de 138ᵐ de longueur, en trois parties
égales de chacune 46ᵐ, et des points de section
C'B', je mène les lignes AB' AC'.

Problème 92.

Diviser le triangle DEF en trois parties égales par deux lignes partant des angles D, E (fig. 92).

Comme pour le problème précédent, je divise la base EF en trois parties égales, et par le point de section G je tire la ligne GD qui détermine le triangle DGF, égal au tiers de la surface du triangle total DEF; ensuite, je partage le triangle DEG en deux parties égales; tirant du milieu DG la ligne HE, la surface totale du triangle donné se trouve divisée en trois parties égales.

Problème 93.

Soit proposé de partager le triangle ABC en trois parties égales, à partir d'un point donné à 40ᵐ de l'angle A sur le côté AB (fig. 93).

Je calcule la surface du triangle donné en multipliant 70ᵐ, base de ce triangle, par 17ᵐ, moitié de sa hauteur, j'obtiens pour résultat 11ᵃ,90, dont le tiers est de 3ᵃ,97.

Je fais ensuite la surface du triangle ACO, qui est de 6ᵃ,80, et j'obtiens la longueur de AE par la proportion

ACO : AC :: AOE : AE ou 6ᵃ,80 : 41 :: 3ᵃ,97 : AE,

$$AE = \frac{41 \times 3^{a},97}{6^{a},80} = 24.$$

fig. 92.

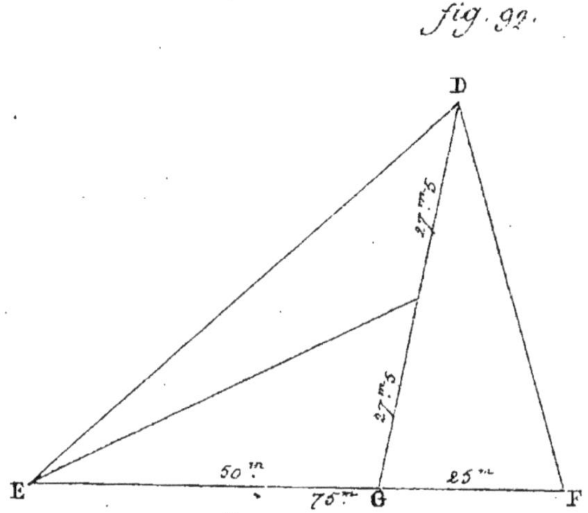

fig. 93.

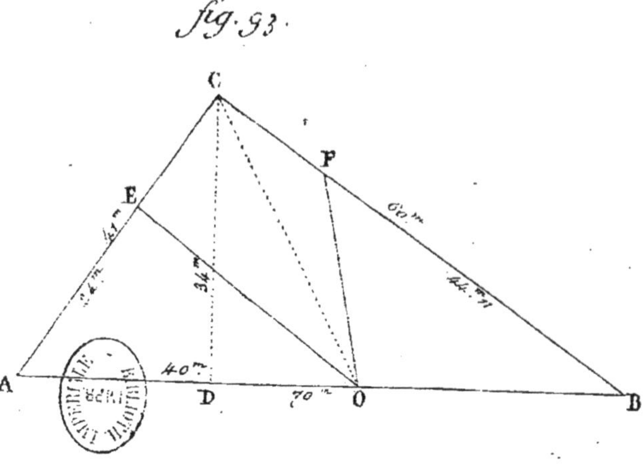

Pl. 71.

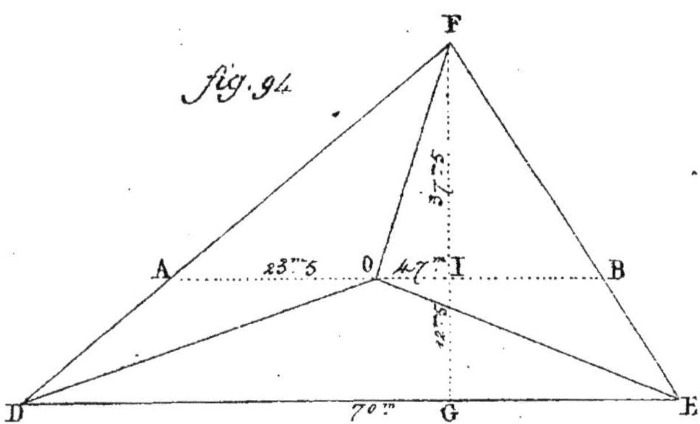

Le quatrième terme 24 indique qu'il faut prendre sur la ligne AC 24^m, à partir de A en E; tirant EO, le triangle AEO se trouve déterminé.

Pour avoir le point F, je calcule le triangle COB $=$ 54^a,0, puis j'établis une proportion analogue à la précédente :

COB : CB : : BOF : BF ou 5^a,40 : 60 : : 3^a,97 : BF,

$$\mathrm{BF} = \frac{60 \times 3^a,97}{5^a,40} = 44,11.$$

Ce quatrième terme indique qu'il faut prendre 44^m,11 sur la ligne BC à partir de B; cette longueur déterminera le point F; menant OF, le triangle se trouvera partagé de la manière requise.

Problème 94.

Trouver dans l'intérieur du triangle ABC *un point* O *tel, que les lignes menées de ce point divisent la surface de ce triangle en trois parties égales* (fig. 94).

Connaissant la base et la hauteur du triangle donné, j'en calcule la superficie, qui est de 13^a,12, dont le tiers pour chaque partie est de 4^a,37.

Pour obtenir la portion qui doit avoir le côté DE pour base, je divise 4^a,37, surface de chacun des triangles partiels par 35^m, moitié de la

7.

base du triangle total; le quotient 12^m,5^d que j'obtiens fait connaître que le triangle DOE a pour hauteur 12^m,5.

Pour déterminer la hauteur du triangle DOE, je mesure 12^m,5 de G en I sur la perpendiculaire GF, et je mène par le point I la ligne AB parallèle à DE.

Mais les trois lignes de division doivent, selon les conditions du problème, partir d'un point commun G; d'abord ce point ne peut se trouver que sur la ligne AB où vient aboutir le sommet O du triangle DOE. Le point O, par rapport au triangle DOE, pourrait être sur un point quelconque de AB; mais par rapport aux deux autres, il ne peut être que sur le milieu de AB, à 23^m,5 de A et de B, AB étant de 47^m; menant du point O, milieu de cette parallèle, les lignes OD, OF, OE, le triangle se trouve divisé en trois parties égales.

Problème 95.

On propose de partager un parterre de forme triangulaire DEF (fig. 95), contenant 97^a,96 en trois parties inégales, la première devant contenir 20^a,50, la deuxième 26,20, et la troisième 51,26 la hauteur du triangle donné étant de 124^m.

La première portion ayant 20^a,50 pour surface, et 124^m pour hauteur, aura pour base le résultat

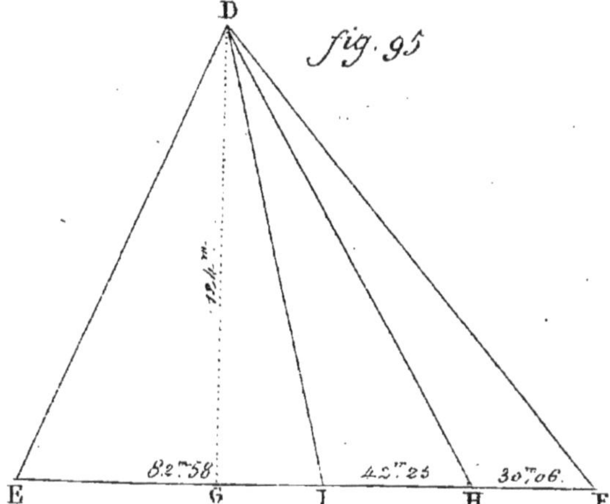

D
fig. 95
E
G
I
H
F
82.ᵐ58
42.ᵐ25
30.ᵐ06.

Pl. 73.

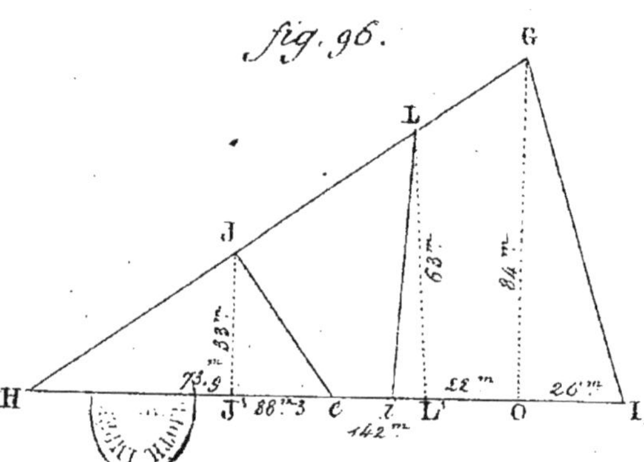
fig. 96.
G
L
J
63.m
84.m
53.m
73.9
H
J' 88.m3 C 7 L' O I
33.m
26.m
142.m

ou quotient de la division de 20ª,50 par $\frac{124}{2}$ ou 62; effectuant les calculs, il vient 33ᵐ,06 pour la valeur de la base de cette première portion.

La deuxième ayant 26ª,20, aura pour base cette surface divisée par la moitié de la perpendiculaire DG, 124ᵐ, commune aux trois triangles partiels, ou 42ᵐ,25, résultat de la division de 26ª,20 par 62.

La troisième portion ayant 51ª,26 pour surface, et 124ᵐ pour hauteur, je diviserai 51ª,26 par 62ᵐ, moitié de la perpendiculaire ou hauteur commune aux trois triangles partiels, et le quotient 82,58 exprimera la longueur de la base du triangle que forme cette dernière portion; si l'on mène DH, DI, on aura résolu le problème.

Problème 96.

Partager la surface triangulaire GHI, *contenant* 56ª,80 *en trois parties inégales, dans les conditions suivantes* (fig. 96) : *la première partie, qui contient* 12ª,20 *doit aboutir en* J; *la deuxième,* 15ª,60 *en* L, *et la troisième* 27ª,80 *en* G.

Pour déterminer les dimensions du triangle formant la première partie, j'abaisse du point J, sur la ligne HI, la perpendiculaire JJ' de 33ᵐ de longueur, et je détermine la base H*e* de ce triangle, en divisant la surface donnée $12^a,20$ par $\frac{33}{2}$, moitié de J J′; le résultat ou quotient de la division, est $73^m,9^d$, que je porte de H en e.

Pour déterminer les dimensions de la deuxième partie, je fais la somme de cette surface, ou $15^a,60$ avec celle de la première, ou $12^a,20$, ce qui donne $27^a,80$, que je divise par $\frac{63}{2}$, demi-hauteur de LL′, le quotient $88^m,3$ est la quantité qu'il faut prendre sur HI pour déterminer la base du triangle HLi; menant Jc, Li, ces deux lignes divisent le triangle de la manière requise.

Retranchant la somme $27^a,80$ de ces deux parties de la somme $56^a,80$ du triangle total, la différence, $29^a,0$ sera la surface de la troisième, comme il est facile de le vérifier en la calculant séparément.

Problème 97.

Partager le triangle DEF *en trois portions égales, par des lignes parallèles au côté* EF (fig. 97).

Connaissant la hauteur Da, qui est de 120^m, je prends une moyenne proportionnelle entre Da et le tiers de cette ligne, c'est-à-dire que je multiplie 120^m par 40^m, tiers de 120, et que du produit 4,800 je tire la racine carrée $69^m,2$; cette racine est la valeur de Db, hauteur du triangle formant la première portion.

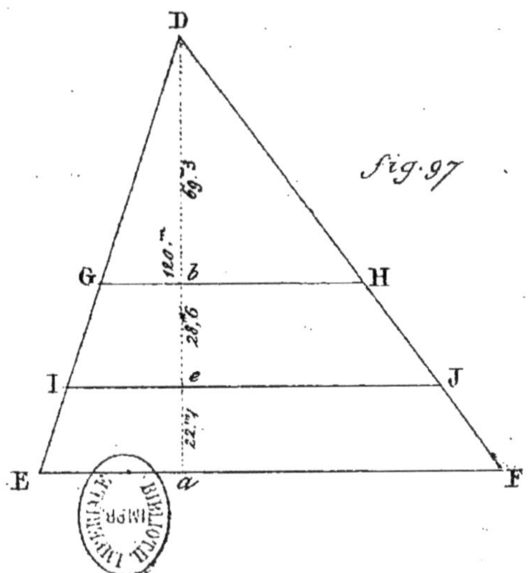
D
fig. 97
G
H
b
I
e
J
E
a
F
69.3
120.
28,6
22,1

Pl. 75.

fig. 98.

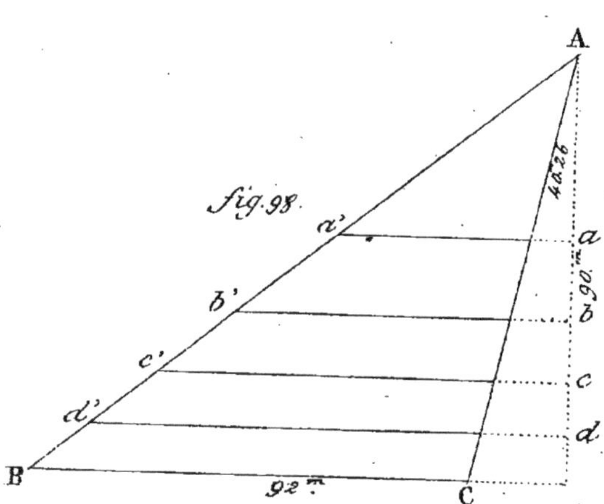

Pour obtenir la hauteur *be* du trapèze comprenant la deuxième partie, je prends une autre moyenne proportionnelle entre D*a* et les deux tiers de cette ligne, ou, en d'autres termes, je multiplie 120 par 80, et j'extrais la racine carrée, 97^m,9^d, du produit 9600; cette longueur appliquée sur D*a* à partir de D, détermine le point *e* par où la parallèle IJ doit passer. Je connaîtrai la valeur *be* ou 28,6, en retranchant 69,3 de 97,9, et j'aurai la valeur *ea* ou 22^m,1 en retranchant 97,9 de 120; menant par les points *b*, *e* les parallèles à la base GH, IJ, le problème sera résolu.

Problème 98.

Diviser le triangle ABC *en cinq parties égales par des lignes parallèles au côté* BC (fig. 98).

Après avoir calculé la surface du triangle, qui est de 41^a,40, dont le cinquième pour chaque partie est de 8^a,28, je multiplie la hauteur 90^m par 18^m, cinquième partie de cette hauteur, et du produit 1620 je tire la racine carrée 40^m, qui détermine à partir de A le point *a* de la première division.

Pour obtenir le point *b* où doit passer la seconde ligne de division, je multiplie 90^m par les deux cinquièmes de 90 ou 36, et du produit 3240 je tire la racine carrée qui est de 56^m,9, distance de A*b*.

J'opère de la même manière pour déterminer

les points c, d, c'est-à-dire que pour avoir le point C je multiplie 90^m par les trois cinquièmes de cette ligne ou 54, et que du produit 4860 de ces deux nombres, je tire la racine carrée 69^m,7, et enfin pour avoir le point d où doit passer la ligne de la quatrième division, je multiplie 90 par 72, nombre égal aux quatre cinquièmes de 90, et du produit 6480 de ces deux nombres j'extrais la racine carrée 80^m,4; menant les lignes aa', bb', cc', dd', le problème sera résolu.

Si j'ai calculé la surface du triangle, opération tout à fait inutile pour le cas dont il s'agit, ce n'a été que pour me faciliter la vérification de chacune des divisions en particulier, et m'assurer ensuite si la somme de leur surface était égale à la surface du triangle total.

DIVISION DES QUADRILATÈRES ET AUTRES POLYGONES.

Problème 99.

Diviser le carré ABCD en trois parties égales, parallèlement à la diagonale BD (fig. 99).

Après avoir mené la diagonale BD, je cherche une moyenne proportionnelle entre cette ligne, dont la longueur est de 123, et 41, tiers de cette même ligne ou de son égale AC; pour cela je multiplie ces deux quantités, 123 et 41, l'une par

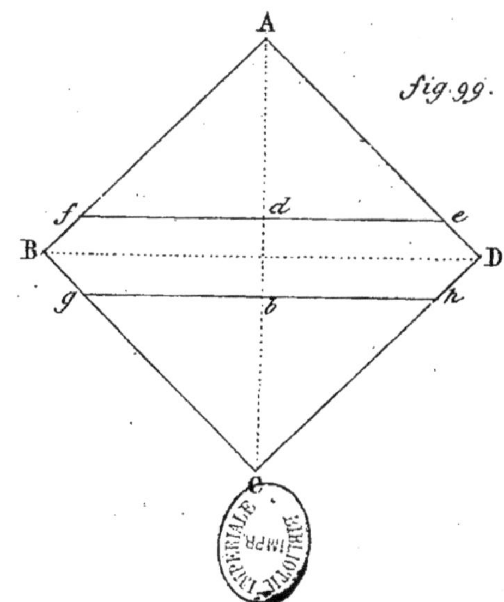
A
fig. 99.
f
d
e
B
D
g
b
h
C

fig 100.

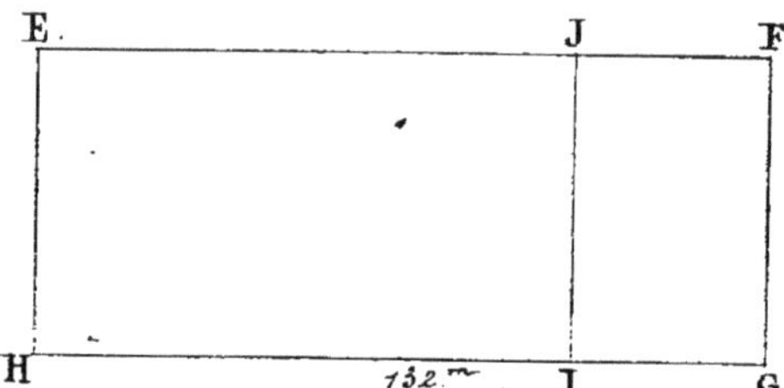

l'autre, et de leur produit 5043^m je tire la racine carrée qui est 71^m, valeur de la moyenne proportionnelle cherchée. Si je porte cette longueur de A en b et de C en d, et que je mène par les points bd, les parallèles ef, gh, j'aurai résolu le problème.

Problème 100.

Diviser parallèlement au côté FG *ou* EH *le rectangle* EFGH *en deux parties proportionnelles aux nombres* 3 *et* 8, *la longueur étant de* 132^m (fig. 100).

Après avoir établi cette double proportion :

$$11 : 132 :: 3 : x = 36$$
$$11 : 132 :: 8 : x = 96$$

c'est-à-dire 11, somme des nombres 3 et 8, est à 132, base du rectangle proposé, comme chacun des nombres partiels est à x, et après avoir obtenu par le calcul 36^m pour le rapport de 3, et 96^m pour celui de 8, je mène à 96^m de H, dans la direction HG, la ligne IJ qui divise le rectangle de la manière proposée.

Nota. Les procédés à suivre pour la division des carrés, des rectangles et des parallélogrammes étant extrêmement simples, puisqu'il ne s'agit que de savoir diviser les bases ou les hauteurs en parties égales ou proportionnelles à des nombres donnés, je me dispenserai de donner d'autres exemples de ces divisions.

Problème 101.

Partager le trapèze ABCD *en trois parties égales, par deux lignes menées entre les côtés* AB, CD (fig. 101).

Ce problème est des plus simples ; pour le résoudre, je divise les hauteurs AB de 90ᵐ, et CD de 42ᵐ, chacune en trois parties égales, et des points de section je mène les lignes *ac, bd.*

Autrement.

Connaissant dans le trapèze proposé la base B D = 132ᵐ, *et les hauteurs* BA = 90ᵐ, CD = 42ᵐ, *je puis en calculer la surface, qui est de* 8712, *dont le tiers pour chaque portion est* 2904, *et avoir les distances* A a, C c, *etc., par les proportions suivantes :*

$$8712 : 90 :: 2904 : x = 30$$
$$8712 : 42 :: 2904 : x = 14$$

J'obtiens pour résultat 30ᵐ et 14ᵐ comme dans la solution précédente.

Problème 102.

Partager le trapèze EFGH *en deux parties égales, qui soient entre elles comme les nombres* 2 *et* 5, *par une ligne menée entre les côtés* EF, GH (fig. 102).

Je vois que dans cette question il ne s'agit que

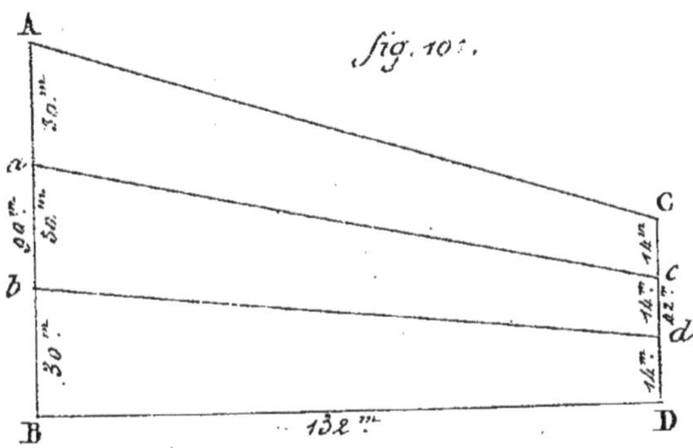

fig. 101.

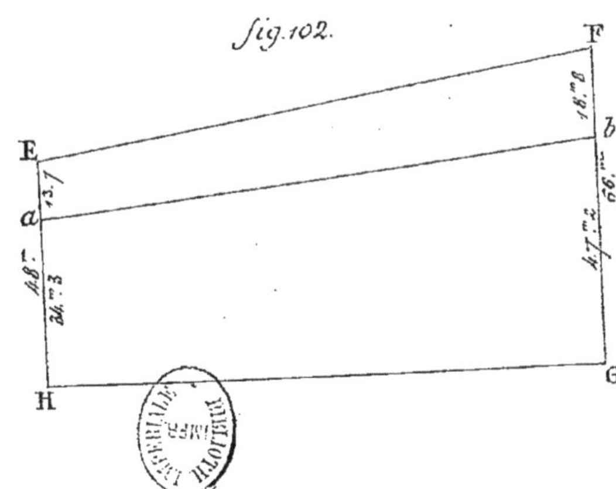

fig. 102.

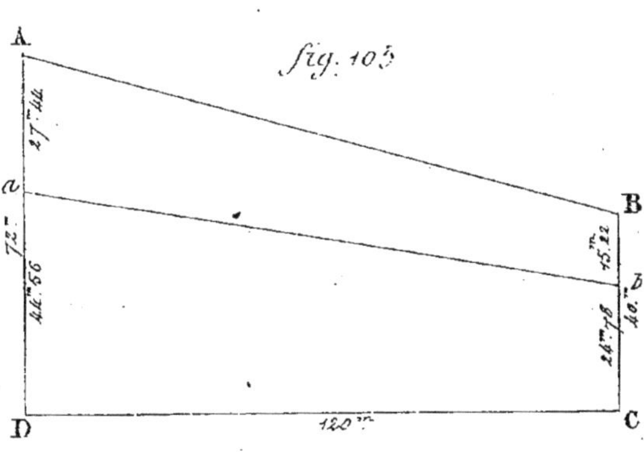

fig. 103
A
B
C
D
a
b
27.44
72.
44.56
15.22
40.
24.78
120

de diviser en parties proportionnelles aux nombres donnés 2 et 5, chacune des hauteurs du trapèze. Ainsi, pour avoir la distance Ea, je ferai cette proportion :

$$7 : 48 :: 2 : x = 13{,}7 \text{ valeur de } Ea.$$

Si je retranche cette quantité 13,7 de 48, la différence 34,3 sera la valeur de aH.

Je procéderai de la même manière pour avoir la valeur de Fb :

$$7 : 66 :: 2 : x = 18^m{,}8 \text{ valeur de } Fb.$$

Retranchant cette quantité de 66^m, le reste 47^m,2 sera la valeur de Gb.

Problème 103.

Étant donné la surface du trapèze ABCD, *qui est de* 66^a,20, *ainsi que la base et les hauteurs, diviser cette surface en deux parties inégales, par une ligne menée entre les côtés* AB, CD (fig. 103); *la première devant contenir* 25^a,60, *et la deuxième le reste,* 40,60. *Surface égale,* 66,20.

Je divise d'abord 25^a,60, surface de la première partie, par 60, moitié de la base DC, le quotient 42^m,66 sera la somme des hauteurs Aa, Bb, et pour avoir séparément la valeur d'une de ces hauteurs, de Bb par exemple, j'établis cette proportion :

$$40 + 72 : 40 :: 42^m, 66 : x = 15^m, 22.$$

Le quatrième terme, $15^m,22$ de cette proportion sera la valeur de Bb ; soustrayant cette quantité $15^m,22$ de $42^m,66$, la différence $27,44$ sera celle de Aa.

J'obtiendrai d'une manière analogue les distances aD, bC, ou plus simplement encore, en retranchant $27^m,44$ de 72^m; la différence $44^m,56$ sera la distance aD et la différence $24^m,78$ de $15^m,22$ à 40^m sera celle de bC. Quoique ce dernier moyen soit plus rapide que le précédent, on ne doit néanmoins lui donner la préférence qu'après s'être bien assuré de l'exactitude des résultats de la première opération.

Nota. Comme l'application de ces sortes de divisions en parties inégales se rencontre assez fréquemment dans la pratique, je donnerai encore la solution du problème suivant, qui, du reste, a beaucoup d'analogie avec le précédent.

Problème 104.

Diviser le trapèze DEFG (fig. 104) *en trois parties qui soient : pour la première de* $20^a,40$, *pour la deuxième de* $32^a,20$, *et pour la troisième de* 38^a, 60, *ensemble* $91^a,20$. *Surface totale du trapèze, la base* FG *étant de* 120^m *et les hauteurs* DG *de* 84^m *et* EF *de* 68.

Pour arriver à la solution de ce problème, je

fig. 104.

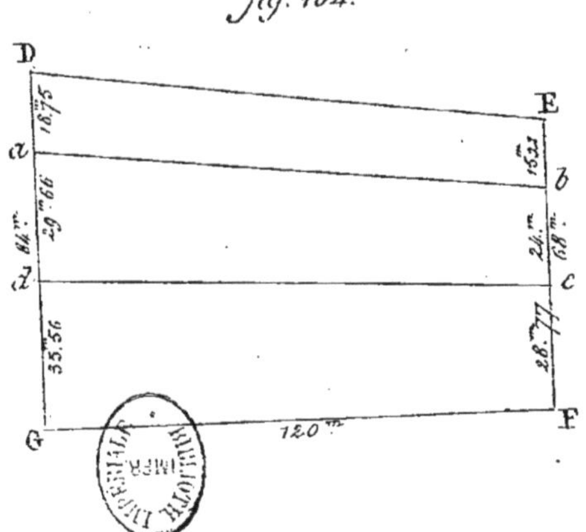

divise 20^a,40, surface de la première partie, par 60, moitié de la base G F; le quotient 34 est la somme des hauteurs Da Eb, et pour avoir séparément chacune de ces hauteurs j'établirai la proportion suivante :

Pour la valeur de Eb j'aurai 68 $+$ 84 : 68 :: 34 : x, ou simplifiant, 152 : 68 :: 34 : $x = 15^m$, 21 $=$ Eb.

Retranchant cette quantité du quotient 34, la différence 18,79 sera la valeur de Da.

Pour avoir la distance $b\,c$, je procéderai de la manière suivante : je diviserai 32^a,20 par 60, et avec le quotient 53,66 j'établirai cette autre proportion :

$$152 : 68 :: 53,66 : x = 24^m, = b\,c.$$

Retranchant cette dernière quantité du quotient 53,66, le reste 29,66 sera la valeur de $a\,d$.

Enfin, pour avoir les distances cF, dG je diviserai 38^a,60, surface de la troisième partie, par 60, moitié de la base G F, et avec le quotient 64^m, 33 que je prendrai pour second antécédent j'établirai cette dernière proportion :

$$152 : 68 :: 64^m,33 : x = 28^m,77 = c\,F.$$

Retranchant cettte quantité du quotient 64^m, 33, la différence 35,56 sera la valeur de dG.

Problème 105.

Diviser le trapèze H I J K *en deux parties égales par une ligne* L M *parallèle aux bases* I J, H K (fig. 105).

Pour déterminer la ligne de division LM, je multiplie 91, demi-somme des bases parallèles par leur différence 30 ; j'ajoute le produit 2730 de leur multiplication au carré 5776 de la plus petite parallèle H K, et de leur somme 8506 je tire la racine carrée 92^m,2, qui est la valeur de L M.

Pour avoir la distance K M, hauteur du trapèze L H K M, je calcule la surface du trapèze total qui est de 1^h,11^a,02, dont la moitié pour chaque partie est de 55^a,51^l, et je divise cette dernière quantité par 84^m,01, demi-somme des parallèles H K, L M : le quotient 66^m est la valeur de K M ; si je veux avoir la longueur M J pour vérifier l'opération, je retranche 66, valeur de M K, de la hauteur totale 122^m ; la différence 56^m sera la hauteur du second trapèze I J L M.

Problème 106.

Diviser le trapèze h i j k *en deux parties égales par une ligne* L M *parallèle aux côtés* h i j k (fig. 106).

Connaissant les dimensions des parallèles *h i* = 122^m, *jk* = 142 et la hauteur *ij* de 76^m, je

fig. 105

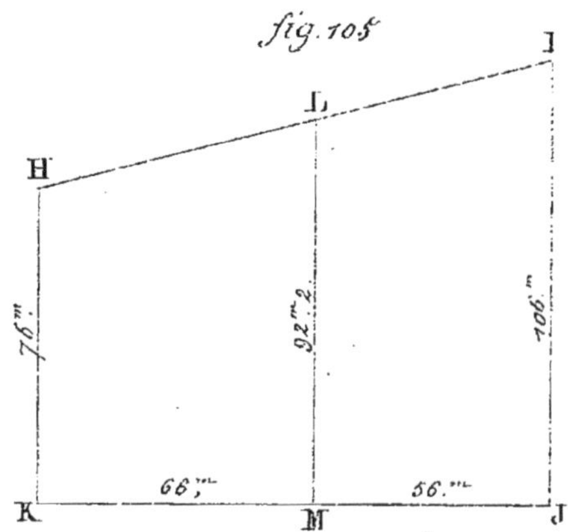

fig. 106

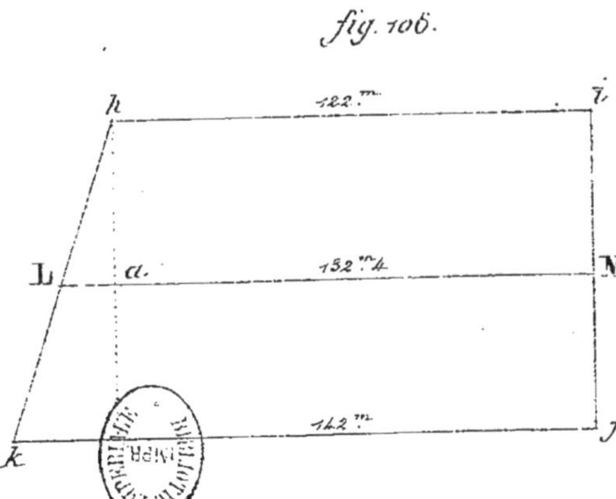

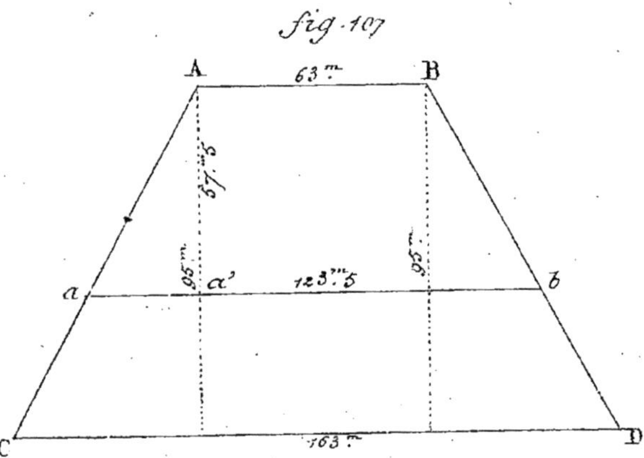

fig.107
A
B
63 m
57,5
95 m
a
a'
123 m,5
95 m
b
C
163 m
D

calcule la surface du trapèze que je trouve être égale à $1^h,00^a, 32'$, dont la moitié est de $50^a,16$; ensuite je multiplie la demi-somme 132 des parallèles par leur différence 20, puis j'ajoute 2640 résultat de leur multiplication au carré 14884 de la ligne hi, et j'extrais la racine carrée de leur somme : cette racine carrée $132^m,4$ est la valeur de la ligne de division LM.

Pour avoir la hauteur ha de la première partie, je divise la demi-surface du trapèze $50^a,16$ par la demi-somme des parallèle hi, LM; le quotient 39,5 est la valeur de ha, et si je retranche cette dernière quantité 39,5 de 76, la différence 36,5 sera la valeur de M J.

Problème 107.

Partager un trapèze de la forme A B C D *(fig. 107)* *en deux parties égales par une ligne* ab, *parallèle* *aux côtés* A B, C D.

Après avoir calculé la surface du trapèze qui est de $1^h,07^a,35^c$, dont la moitié pour chaque partie est de $53^a,67,50$, je multiplie 113 demi-somme des bases parallèles A B, C D par leur différence 100, puis j'ajoute le produit 11300 au carré 3969 de la ligne A B et je tire la racine carrée de leur somme 15269; cette racine carrée 123^m, 5 est la longueur de la ligne de partage ab; et si

8.

je divise 53ᵃ,67ᶜ,50, demi-surface du trapèze proposé, par 93ᵐ,25 demi-somme des parallèle A B,
a b ; le quotient 57ᵐ,5 sera la hauteur A *a'* de la
première partie.

Problème 108.

Partager le trapèze E F G H *en parties égales par
une ligne b c parallèle au côté* G H (fig. 108).

Après avoir calculé la surface du trapèze 79ᵃ,
50 et en avoir pris la moitié 39ᵃ,75, je retranche de cette moitié 19ᵃ,61, valeur de la surface
triangulaire E *a* F, puis je divise la différence
20ᵃ,14 par 106ᵐ, hauteur du trapèze ; le quotient
20ᵐ,5 est la hauteur du rectangle *a b c* F dont la
surface ajoutée à celle du triangle égale celle du
rectangle *b c* G H, ou plus simplement surface E
b c F = surface *b c* G H.

Problème 109.

*Partager le trapèze e f g h de mêmes dimensions
que le précédent en trois parties égales par des lignes parallèles à h g* (fig. 109).

La surface du polygone proposé est 79ᵃ,50, le
tiers 26ᵃ,50 ; si je divise cette dernière quantité
par 106ᵐ, hauteur du trapèze, le quotient 25 sera
la hauteur de chacun des rectangles *i h g j, l i j k.*

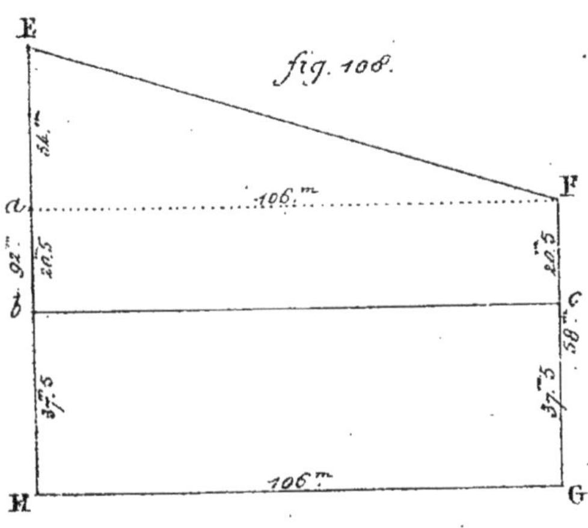
fig. 108.
E
F
a
b
C
H
G
106.ᵐ
106ᵐ
54ᵐ
92ᵐ
37ᵐ5
37ᵐ5
58ᵐ
20.5
20.5

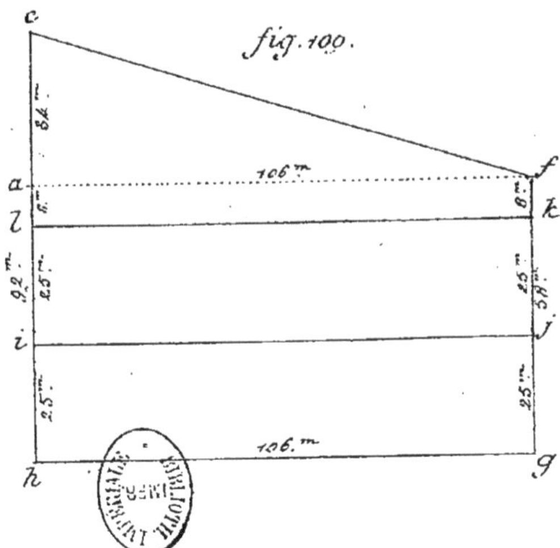
fig. 109.
c
f
a
k
l
i
j
h
g
106ᵐ
106ᵐ
84ᵐ
92ᵐ
58ᵐ
25ᵐ
25ᵐ
25ᵐ
25ᵐ

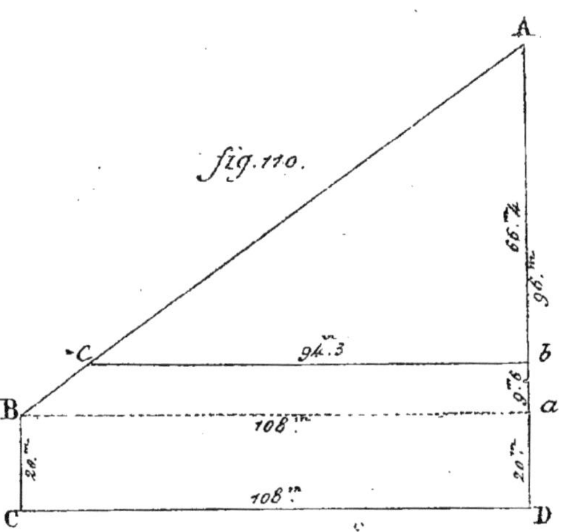

fig. 110.
A
B
C
D
a
b
c
66.ᵐ½
96.ᵐ
94.ᵐ3
9.ᵐ6
108.ᵐ
108.ᵐ
28.ᵐ
20.ᵐ

Retranchant cette double hauteur 50ᵐ, de 58ᵐ, hauteur du rectangle total *a h g f*, le reste 8 sera la hauteur d'un autre rectangle *a l k f*, dont la surface, jointe à celle du triangle *e a f* qui est contigu, est égale au tiers de la surface du trapèze donné.

Problème 110.

Si l'on voulait partager en deux parties égales le trapèze ABCD *par une ligne bc parallèle à* CD *dans lequel la surface du triangle* AB*a est plus grande que celle du rectangle* Bc D*a* (fig. 110), *quelle marche devrait-on suivre pour effectuer ce partage?*

Après en avoir calculé la surface 62ᵃ,64, et en avoir pris la moitié (31ᵃ, 32), on établirait cette proportion : 41ᵃ, 04, surface du triangle A B *a* est à 76, hauteur de ce triangle, comme 31ᵃ, 32, demi-surface du trapèze est à *x*; ou simplifiant :

$$41,04 : 76 :: 31,32 : x = \frac{76 \times 31, 32}{41, 04} = 58.$$

Une moyenne proportionnelle entre 58 et 76 donnerait la hauteur cherchée *a b*; multipliant ces deux nombres l'un par l'autre et en extrayant la racine carrée de leur produit 44,08, la moyenne proportionnelle serait 66ᵐ,4, qui, à partir de A, déterminerait par le point *b* par où la ligne de division doit passer; menant cette ligne parallèlement à CD, le problème serait résolu dans le sens de son énoncé. On pourrait vérifier l'exactitude de l'opération en calculant chaque partie séparément.

Je crois inutile de répéter que la longueur de la ligne de division bc s'obtiendrait par la proportion suivante : $76 : 108 :: 66, 4 : x = 94^m,3$.

S'il s'agissait de diviser ces sortes de trapèzes en trois ou en un plus grand nombre de parties égales, on procéderait de la même manière. Pour lever toute difficulté à cet égard, je vais par ce moyen diviser le trapèze $abcd$ (fig. 111) en trois parties égales.

Problème 111.

Après avoir calculé la surface du trapèze qui est de $69^a,60$, dont le tiers est de $23^a,20$, je divise cette dernière quantité par 120^m, hauteur du trapèze donné ; le quotient $19^m,3^d$, est la hauteur du rectangle $gcdf$ dont la surface est égale à celle du tiers du trapèze ; ensuite je retranche $43^a,20$, surface du triangle abe de $46^a,40$, surface des deux autres tiers du trapèze, la différence $3^a,20$ est la surface du rectangle $bgfe$; et pour établir chacune des deux parties restantes, je fais cette proportion : $43,20$, surface du triangle abe est à 72^m, hauteur ae de ce triangle, comme $31^a,32$ est à x ; ou abrégeant :

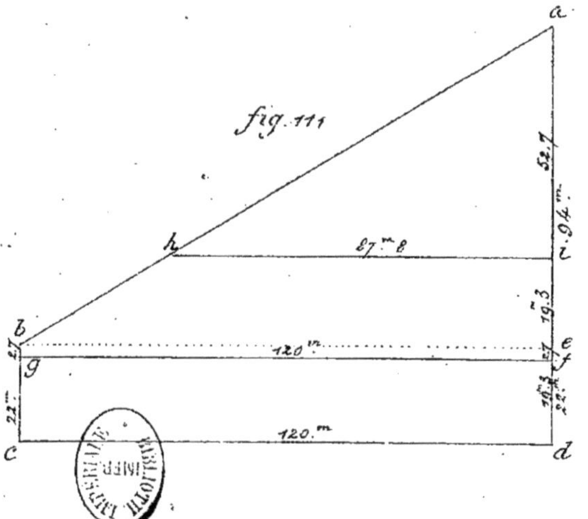

fig. 111
a
h
i
b
e
g
f
c
d
52.7
1.94 ᵐ
87 ᵐ 8
19.3
120 ᵐ
120 ᵐ
22 ᵐ

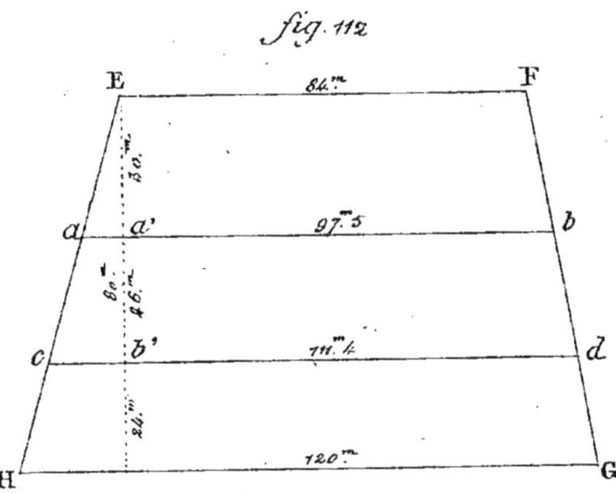
fig. 112
E
F
84.ᵐ
a
a'
97.ᵐ5
b
c
b'
111.ᵐ4
d
H
120.ᵐ
G

$$43,20 : 72 :: 31,32 : x = 38,66.$$

Enfin, cherchant une moyenne proportionnelle entre 72 et 38,66, c'est-à-dire qu'extrayant la racine carrée du produit 2779,2 de ces deux nombres, il vient pour racine $52^m,7^d$, qui est la hauteur $a\,i$ dont la surface est aussi égale à $23^a,20$; retranchant cette surface de celle du triangle total et ajoutant la différence $20^a, 0$, à $3^a, 20$, surface du rectangle $bgfe$, on aura celle de $hbgfi$, autre tiers du trapèze proposé.

La valeur de $h\,i$ s'obtiendra par cette proportion : $ae: ai :: be : hi$, substituant $72 : 52,7 :: 120 : hi = 87^m,8^d$.

Problème 112.

Diviser la superficie du trapèze E F G H *en trois parties égales par des lignes parallèles aux côtés* EF.GH (fig. 112).

La surface du trapèze proposé est de $81^a,60$, le tiers de $27^a,20$. Pour obtenir la ligne de division ab, je multiplie le tiers 68^m de la somme des parallèles EF, HG par leur différence 36, et j'ajoute leur produit 2448 au carré 7056 de 84, longueur de EF, et je tire la racine carrée de leur somme 9504; cette racine $97^m,5$ est la valeur de ab, et pour déterminer la hauteur Ea' de cette partie, je divise $27^a,20$, tiers de la surface du trapèze donné par la demi-somme 90^m,75 des parallèles EF, ab, le quotient 30 exprime la hauteur de Ea'; et pour déterminer la valeur de l'autre ligne de division cd, je multiplie la demi-somme 108^m,75 des parallèles ab, HG par leur différence 22^m,50, ensuite j'ajoute leur produit 2446,87 au carré 9506,25 de la ligne ab, et je tire la racine carrée de leur somme 11953,12; cette racine 111^m,4, est la valeur de la ligne cd, et pour avoir la distance a' b', je divise le tiers de la surface du trapèze 27,20 par la demi-somme des parallèles ab, cd; le quotient 26^m est la valeur de cette distance.

Problème 113.

Diviser la surface du trapèze ABCD *en deux parties inégales par une ligne parallèle aux côtés* AB, CD (fig. 113). *A la partie* Aa bB 24^a,20, *à la partie* aD Cb 38^a,50, *ensemble* 62^a,70 = *surface* ABCD.

La ligne de division ab s'obtiendra en divisant les 24^a,20, dont se compose la surface de la partie AabB par 33^m, moitié de la hauteur Ac, en multipliant ensuite le quotient 73,33 par la différence 42 des parallèles AB, CD, en ajoutant leur produit 3079,86 au carré 5476 de la ligne AB, et en extrayant la racine carrée de leur somme

fig. 143

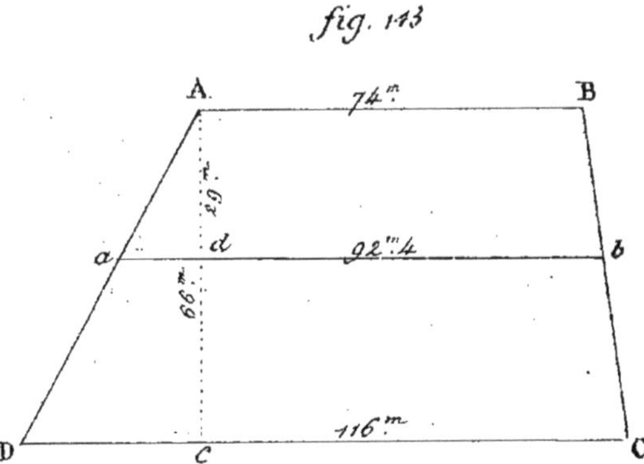

fig. 114

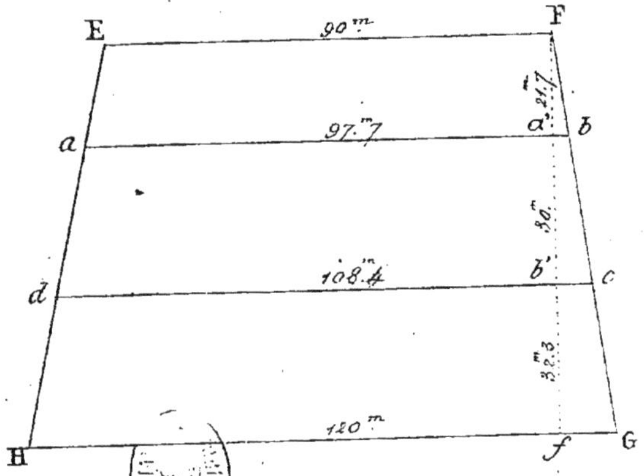

8555,86 : cette racine 92^m,4 est la valeur de la ligne ab.

Et pour déterminer la distance Ad, on divisera les 24^a,20, valeur de la surface Aa bB par 83^m,2, demi-somme des parallèles A B, ab, le quotient 29^m sera l'expression de cette distance. Retranchant cette quantité 29^m de 66^m, hauteur du trapèze proposé, la différence 37^m sera la distance cd, hauteur du trapèze aDCb.

Problème 114.

Partager le trapèze EFGH *en trois parties inégales par des lignes parallèles aux côtés* EF GH (fig. 114). *La surface de la première partie devant être de* 20^a,40 *celle de la seconde de* 31^a,0 *et celle de la troisième de* 36^a,80, *ensemble* 88^a,20, *surface égale à celle du trapèze donné.*

Pour avoir la ligne de division ab, j'opérerai comme à la solution précédente, c'est-à-dire que je diviserai 20^a,40, surface de la première partie, par 42^m, moitié de la hauteur du trapèze ; puis je multiplierai le résultat 48,6 de la division par 30, différence des parallèles EF, G H ; ensuite j'ajouterai le produit 1458 au carré 8100 de la ligne EF, et de leur somme 9558 j'extrairai la racine carrée 97^m,7, qui sera la longueur de ab.

Pour avoir la hauteur Fa' de cette première

partie, je diviserai 20ª,40 par 93ᵐ85, demi-somme des parallèles EF, ab ; le quotient 21,7 sera cette hauteur.

Pour déterminer la longueur de la ligne dc, je diviserai 51ª,40, surface du trapèze EF cd par 42, moitié de la hauteur du trapèze total ; je multiplierai ensuite le quotient 122,4 par la différence 30 des parallèles EF, GH, puis j'ajouterai le produit 3672 au carré 8100 de la ligne EF, et de leur somme 11772 j'extrairai la racine carrée 108ᵐ,4 qui sera l'expression de la longueur de dc.

Enfin, pour avoir la hauteur $a'b'$ du trapèze $abcd$, je diviserai 51ª,40, surface des deux premières parties, par 99,2, demi-somme des parallèles EF, cd ; le quotient 51ᵐ,7 sera la hauteur Fb'. Retranchant 21ᵐ,7ᵈ, hauteur de la première partie de 51ᵐ,7ᵈ, la différence 30ᵐ sera la hauteur de la seconde partie ; enfin, retranchant 51ᵐ,7ᵈ de 84, la différence 32ᵐ,3ᵈ sera la hauteur de la troisième.

Problème 115.

Prendre sur le polygone ABCDE *une surface de* 26ª,50, *limitée par une ligne* d e, *parallèle à* CD (fig. 115).

Après avoir élevé sur un point quelconque, C, par exemple, de la ligne DC, la perpendiculaire

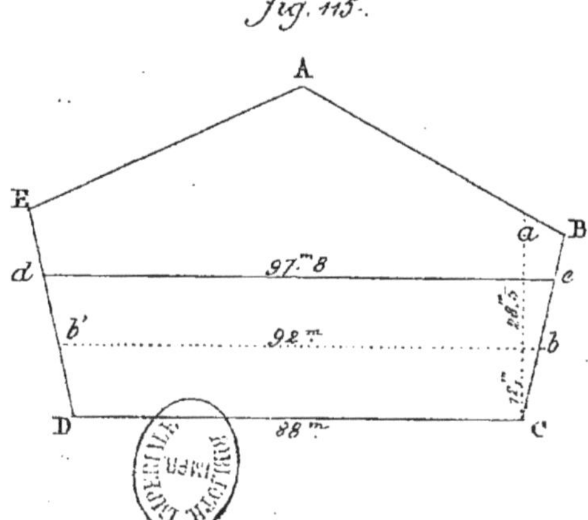

fig. 115.
A
E
B
a
d
97.m8
c
28.m5
b'
92.m
b
75.m
D
88.m
C

fig. 116.
E
K
F
a
b
H
C
J
G
57ᵐ
98ᵐ
112ᵐ
54ᵐ
51,4
40ᵐ.77
21.37
60ᵐ
76ᵐ

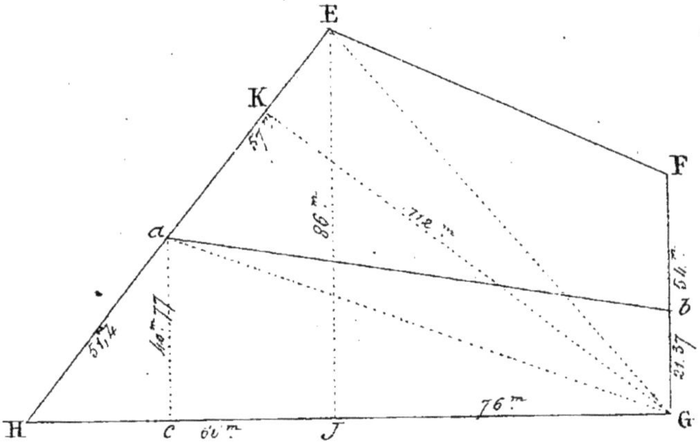

indéfinie C*a*, je prends de C vers *a* une distance arbitraire, 12^m par exemple, de C en *b*, et je mène par le point *b*, parallèlement à DC, la ligne *b b′* dont la longueur est de 92^m ; divisant ensuite la surface à prendre 26^a,50 par 6, moitié de la hauteur C*b*, et multipliant le quotient 460 par 4^m, différence des parallèles *b′ b*, DC, puis ajoutant le produit 1840 au carré 7744 de la ligne DC, et extrayant la racine carrée 97^m,8 de leur somme 9584, cette racine sera la longueur de la ligne séparative *d e*.

Je déterminerai la hauteur du trapèze à prendre, en divisant 26^a,50 par la demi-somme 92,9 des parallèles DC, *ed′* ; le quotient 28^m,5 sera cette hauteur.

Problème 116.

Partager le polygone EFGH *en deux parties égales, avec cette condition que les côtés* EH, FG *soient divisés proportionnellement par la ligne de partage* ab (fig. 116).

La surface du polygone proposé est de 81^a,58, dont la moitié pour chaque partie est de 40^a,79.

Pour arriver à la solution de ce problème dans la condition de la proportionnalité des côtés, je cherche d'abord la surface que doit avoir le triangle HG*a* ; pour cela, je multiplie 14^a,19, moitié

9

de la surface du triangle HEJ, par 27^m, moitié de GF, et je divise le produit 38313 par 86, longueur de la perpendiculaire EJ; puis je multiplie 445,5, résultat de cette division, par 54, valeur de la ligne FG, et je divise le produit en résultant 24057, par la somme 140 des perpendiculaires EJ, FG; je retranche ensuite le quotient 171,83 de 30^a,53, demi-surface du triangle HEG, la différence 2881^a,17 sera la surface du triangle HGa. Pour déterminer le côté Ha de ce triangle, je divise 2881^a,17 par 56, moitié de la perpendiculaire KG; le quotient 51^m,4 déterminera à partir de H le point a par où la ligne de division ab doit passer.

Pour déterminer le point b sur le côté FG, je retranche 2881^a,17, surface du triangle HGa, de 40,79, moitié de la surface à partager; la différence 1196,83, sera la surface du triangle aGb; si je divise cette dernière quantité par 56, moitié de la base Gc, le quotient 21,37 sera la distance Gb.

Pour avoir la preuve de cette opération, je calculerai la surface du trapèze acGb et celle du triangle Hac; si la somme de leurs surfaces égale celle de la moitié du polygone donné, j'en conclurai que l'opération est exacte.

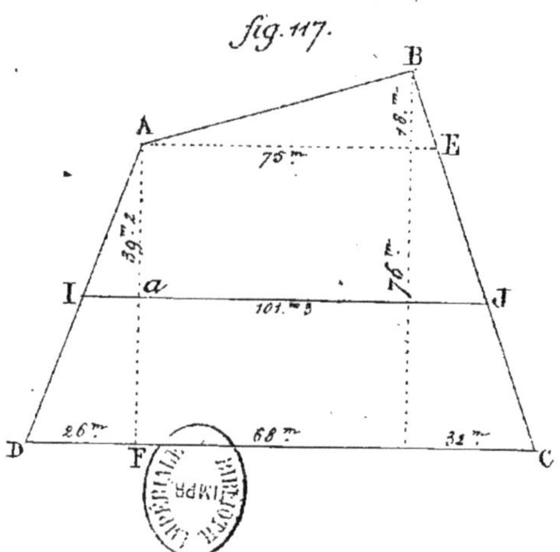
fig. 117.
B
A
E
75 m
18 m
39 m 2
76 m
I
a
101 m 3
J
D
26 m
F
68 m
31 m
C

Problème 117.

Soit proposé de partager le quadrilatère ABCD en deux parties égales, par une ligne parallèle au côté DC (fig. 117).

Après avoir calculé la surface de ce quadrilatère, qui est de $82^a,72$, dont la moitié pour chaque portion est de $41,36$, je mène par le point A la ligne AE parallèle à DC, puis je calcule la surface du triangle ABE, laquelle est de $6,75$ que je retranche de $41,36$, demi-surface du polygone proposé; puis je divise la différence $34,61$ par 38^m, moitié de AF; puis je multiplie le quotient en résultant 91 par 51, différence des parallèles AE, DC, et j'ajoute le produit 4641 de ces deux quantités au carré 5625 de la ligne AE; la somme de ces deux quantités est $102,66$, de laquelle je tire la racine carrée qui est de $101,3$, valeur de la ligne de division IJ.

J'obtiens la distance Aa, en divisant $34^a,61$ par $88^m,15$, demi-somme des parallèles AE, IJ; le quotient $39^m,2$ sera la distance à prendre à partir de A.

Problème 118.

Soit proposé de diviser le polygone ABCDE *en trois parties égales, aboutissant à un point commun* B *où se trouve un puits* (fig. 118).

Après avoir calculé séparément chacun des triangles qui composent le polygone donné et avoir fait la somme 91ª,50 de leurs surfaces, dont le tiers pour chaque partie est de 30,50, je remarque qu'il faudrait ajouter 428ᵐ carrés au triangle CBD, pour que sa surface égalât 30ª,50, tiers du polygone donné ; pour combler ce déficit, je diviserai les 428ᵐ carrés par 38ᵐ, moitié de la base du triangle CBD ; le quotient 11ᵐ,26 sera la hauteur d'un triangle BDE à ajouter au triangle, pour que la surface égale le tiers du polygone à partager.

Comme la surface du triangle ABE surpasse de 5ª,17 celle du tiers du polygone proposé, je diviserai aussi cet excédant par 41, moitié de la base EB de ce triangle ; le quotient 12ᵐ,85 sera la hauteur d'un triangle CBo à retrancher de ABE et qui, ajouté au triangle CBo, complétera les 30,50 revenant à chaque portion.

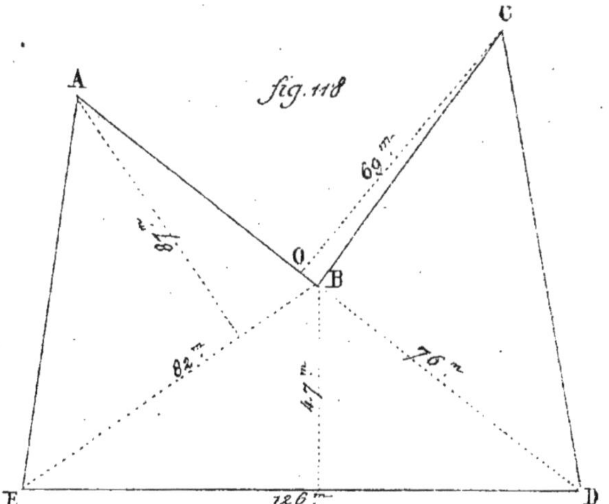

fig. 118
A
C
O
B
81 m
60 m
82 m
4.7 m
76 m
E
D
126 m

fig. 119.

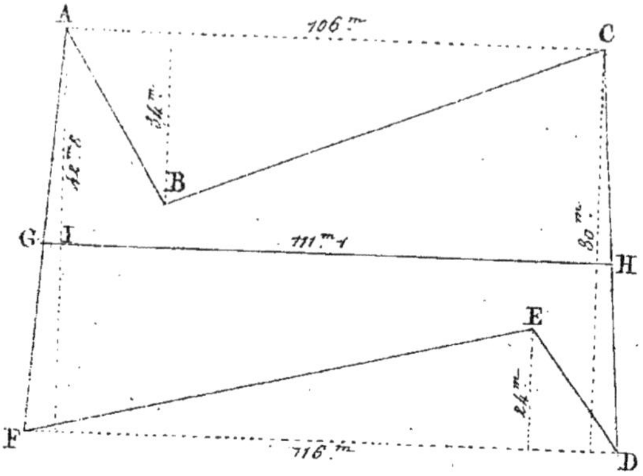

fig. 120.

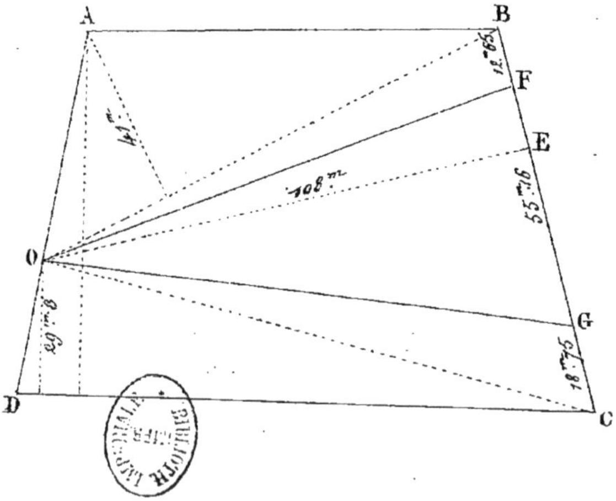

Problème 119.

Partager le polygone ABCDEF *en deux parties égales par longueur* (fig. 119).

Je calcule d'abord la surface du polygone proposé qui est de 56^a,96 dont la moitié est de 28,48 pour chaque partie; ensuite j'obtiens la ligne GH de division en multipliant 111, demi-somme des bases parallèles AC, FD, par leur différence 10; en ajoutant au produit 1110, qui en résulte, le carré de AC ou 11236, carré de 106, et en extrayant la racine carrée de 12346, somme de ces deux quantités, cette racine 111^m,1^d est la longueur de GH.

Pour avoir la distance AI, je divise la demi-surface 28^a,48 du polygone donné, augmentée de 18,2, surface du triangle ABC, ou en d'autres termes je divise 46,50, surface du trapèze AGHC par 108^m,55, demi-somme des parallèles AC, GH; le quotient 42^m,8^d sera la hauteur à prendre de A vers I, pour déterminer la ligne de division GH.

Problème 120.

Partager le polygone ABCD *en trois parties égales, à partir d'un point* O *placé à* 30 *mètres de l'angle* B (fig. 120).

Après avoir calculé la surface de ce polygone, qui est de 89^a,38, dont le tiers pour chaque partie est de 29,79, je calcule la surface du triangle ABO qui est de 22,96, laquelle je retranche de 29,79, tiers de la surface du polygone donné; le reste 6,83 sera la valeur du triangle BOF; et pour déterminer cette quantité, j'abaisse sur le côté BC la perpendiculaire EO dont la longueur est de 108ᵐ, et je divise par 54ᵐ, moitié de la perpendiculaire EO, les 6ᵃ,83, différence du triangle ABO au tiers de la surface à partager; le quotient 12ᵐ,65 sera la distance BF; menant la ligne de division FO, j'aurai une des trois parties.

Pour déterminer la seconde partie FOG, je divise 29ᵃ,79, tiers de la surface du trapèze donné, par 54ᵐ, moitié de la perpendiculaire OE, le quotient 55ᵐ,16 sera la distance FG.

Pour vérifier les distances BF, FG, je détermine la distance CG comme dans le premier cas; pour cela, je calcule la surface du triangle DOC, qui est de 19ᵃ,67, de laquelle je retranche 29ᵃ,79, tiers du trapèze donné; le reste 10,12 sera la valeur du triangle OCG; et pour déterminer cette quantité, je divise les 10,12 par 54ᵐ, moitié de la perpendiculaire OE : le quotient 18ᵐ,75 sera la distance CG, et les deux lignes OF, OG, diviseront le trapèze ABCD en trois parties égales.

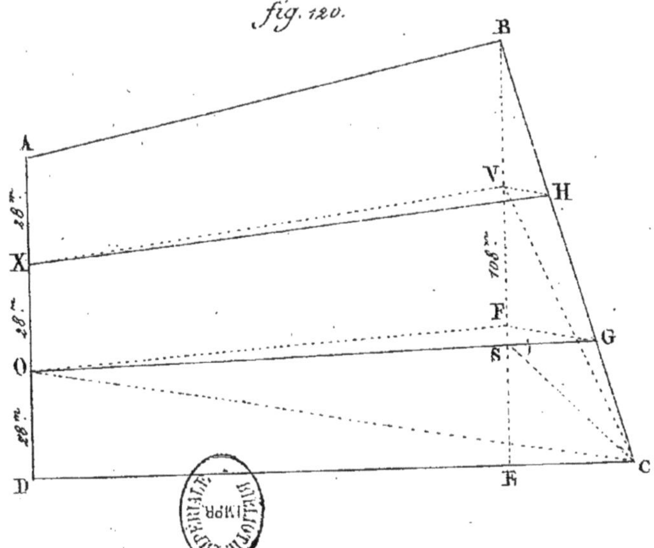

fig. 120.
A
B
X
V
H
O
F
G
S
D
E
C

Problème 121.

Diviser le quadrilatère ABCD *en trois parties égales à partir de deux points donnés* O X, *divisant le côté* A D *en trois parties égales* (fig. 121).

Du point B je mène BE, parallèle à AD, ensuite je divise le quadrilatère A BED en trois parties égales, en prenant le tiers de 108ᵐ, longueur de BE, et en menant OF, XV, reste à diviser le triangle BEC en trois parties égales. J'opère cette division en menant FC et VC. Le polygone se trouve donc par ce moyen divisé, mais très irrégulièrement, en trois parties égales, A X V C B, X O F C V et O D C F, comme le comporte l'énoncé du problème; mais comme cette division n'est pas tolérable, je la change au moyen d'une compensation triangulaire en cette autre A X H B, X O G H, O D C G. Pour obtenir ce résultat je mène FG, parallèle à EC, et je tire OG qui me donne déjà O D C G, puis je mène aussi VH, parallèle à EC, et je tire XH, qui me donne aussi X O G H et A X H B.

Remarque. Pour transformer O D C F et O D C G, observons que nous laissons un triangle OFS, et que nous prenons aussi un triangle S G C; il nous suffira donc de prouver ces deux triangles équivalents.

Or, nous avons O F C et O G C, équivalents comme

ayant même base et même hauteur, même base OC, et même hauteur, qui sont les perpendiculaires abaissées des points F et G sur OC; or, les deux lignes FG, OC sont parallèles, donc OFC et OGC sont équivalents. Supprimant la partie commune OSC, il nous viendra OFS, équivalent à GSC.

Problème 122.

Partager le polygone ABCDEFG *en deux parties égales par une ligne parallèle en côté* AG *(fig. 122).*

Après avoir calculé la surface de ce polygone, qui est de 61^a,88, dont la moitié pour chaque portion est de 30^a,94, je divise cette demi-surface par 25^m, moitié de la hauteur du trapèze ABFG; puis je multiplie le quotient 123,76 de cette division par 46, différence des parallèles BF, AG; je retranche ensuite leur produit 5693 du carré 9246 de AG, et j'extrais la racine carrée de leur différence 3523; cette racine carrée 59^m est la valeur en mètres de la ligne de division ab, et pour avoir la valeur de HI, je divise la demi-surface 30^a,94 par la demi-somme des parallèles BF, AG; le quotient 39^m,99^c, exprime la valeur de HI à prendre sur la ligne DH, à partir de H. Le problème sera ainsi résolu.

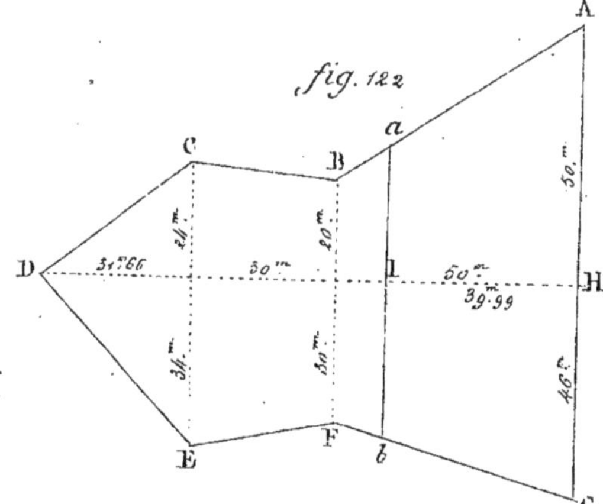

fig. 122
A
C
B
a
D
31.66
24 m
30 m
20 m
I
50 m
39.99
H
50. m
34 m
30 m
46.5
E
F
b
G

fig. 122.

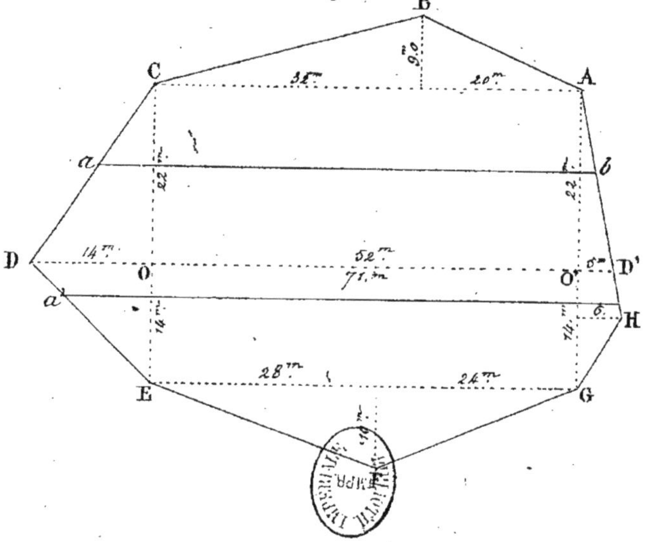

B
C
A
a
b
D
O
O'
D'
a'
H
E
G
35ᵐ
20ᵐ
9.0
22ᵐ
22
14ᵐ
52ᵐ
71ᵐ
9ᵐ
14ᵐ
6.
14ᵐ
28ᵐ
24ᵐ

Problème 123.

Diviser le polygone A B C D E F G H *en trois parties égales par des parallèles à la ligne* DD' (fig. 123).

Après avoir calculé la surface de ce polygone, qui est de 27ᵃ,26, dont le tiers pour chaque partie est de 9ᵃ,9, je retranche 2ᵃ,34, surface du triangle CBA, de 9ᵃ,9 tiers de la surface à partager; je divise cette différence 6ᵃ,75 par 7ᵐ,33 tiers de la hauteur AO' du rectangle ACOO', et je multiplie le quotient 9,208 par la différence 19 des parallèles AC, DD'; j'ajoute le produit de ces deux quantités au carré 2704 de la ligne CA, je tire la racine carrée de leur somme; cette racine exprime en mètres et parties de mètres la longueur *ab* de la ligne de division, qui est de 66ᵐ,70.

Cette ligne déterminée, j'obtiendrai la valeur A*b* en divisant 6ᵃ,75 par la demi-somme des parallèles CA, *ab*; le quotient 11,37 exprimera la hauteur cherchée.

Opérant de même pour trouver la ligne *a'b'*, le problème sera résolu.

Problème 124.

Diviser le trapèze ABCD *en trois parties égales par des lignes parallèles aux bases* A B, C D (fig. 124).

Après avoir calculé la surface du trapèze proposé qui est de 77,05, dont le tiers pour chaque partie est de 25,68, je prolonge les côtés C B, A D jusqu'à leur rencontre en G, je mesure les distances BG de 79^m, A G de 66, et D A de 74^m ; cela posé, je double le carré 6241 de 79^m, j'ajoute cette quantité 12482 au carré 28224 de la ligne G C, et je tire la racine carrée de 13569, tiers de leur somme ; cette racine carrée 116,5 sera la distance du point G au point H ; si je retranche 79, distance de B G, de 116,5, la différence 37,5 sera la distance B H.

Pour avoir le point I de division de la seconde partie, j'ajoute au carré 28224 de la ligne BG le carré 13569, et je tire la racine carrée de la moitié de leur somme ; cette racine 144,6 sera la distance du point G au point I. Si maintenant je mène les lignes de division H J, I K, j'aurai résolu le problème. Si je voulais connaître les distances A J, J K, K D sans les mesurer, je procéderais comme pour le côté G C.

Il va sans dire que si je désirais partager le trapèze proposé en quatre ou cinq parties égales, je triplerais ou quadruplerais le carré de B G, je l'ajouterais au carré C G, et j'extrairais la racine carrée du quart ou du cinquième de leur somme ; j'aurais le premier point de division, et pour avoir les autres points, je procéderais comme dans le cas précédent.

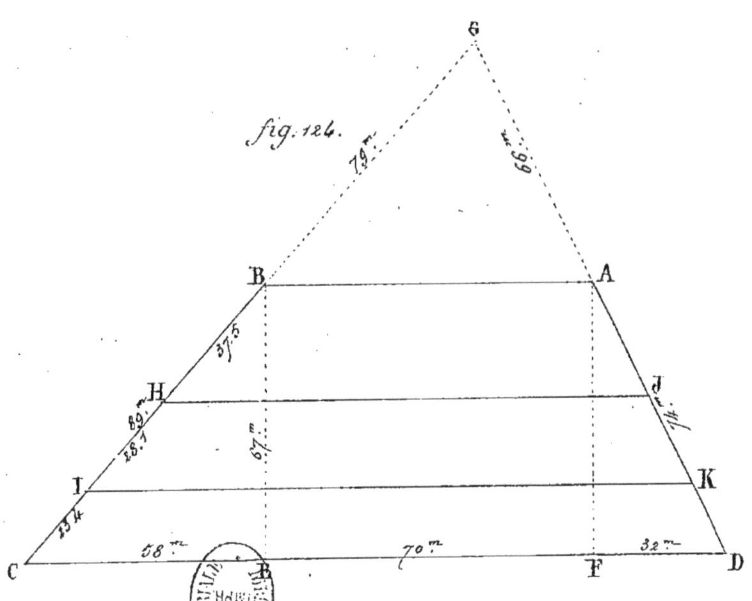

fig. 126.
G
79 m
66.9 m
B
A
37.5
H
J
14 m
89.7
28.7
67 m
I
K
13.4
C
58 m
E
70 m
F
32 m
D

fig. 125.
E
B
A
a
b
F
G
H
I
C
c
d
D

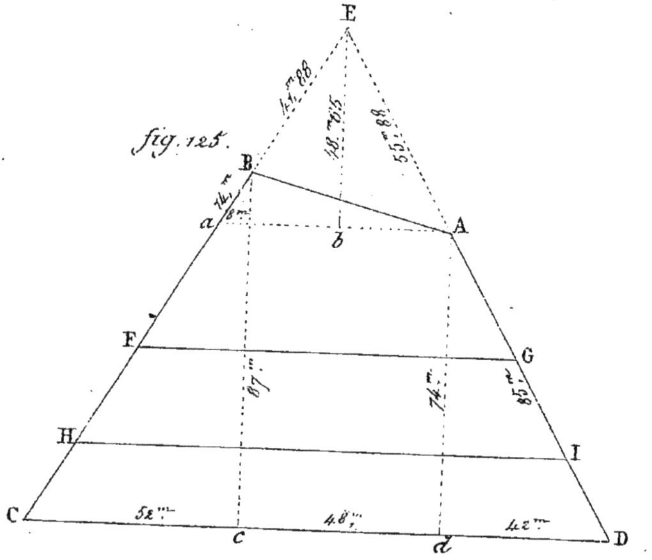

Problème 125.

Diviser le quadrilatère ABCD *en trois parties égales, par des lignes parallèles au côté* CD (fig. 125).

Je calcule d'abord la superficie de ce quadrilatère, qui est de 76ª,80, dont le tiers pour chaque partie est de 25ª,60. Comme la solution de ce problème exige la connaissance des distances AE, EB, et la superficie du triangle EBA, j'imagine à cet effet les côtés EA, EB prolongés jusqu'à leur rencontre en E, et après avoir mené aA parallèle au côté CD, je cherche la hauteur Eb du triangle EaA par cette proportion :

$$CD - aA : Ad :: aA : bE$$

ou

$$142 - 56 : 74 :: 56 : bE = 48{,}65$$

hauteur de Eb.

Connaissant cette hauteur, il m'est facile d'en déduire EA au moyen de la proportion :

$$ad : AD :: Eb : EA$$

ou

$$74 : 85 :: 48{,}65 : EA = 55^m{,}88$$

prolongement de AD, duquel je retranche 14ᵐ, distance aB; le reste, 41ᵐ,88 sera la valeur du prolongement BE. Avec les données que je viens d'obtenir par ce calcul, il m'est facile de connaître la surface du triangle EaA, laquelle est de 13ª,62; si j'en retranche celle du triangle BaA qui est de $3^a,64$, le reste $99^a,8$ sera la surface du triangle auxiliaire EBA.

Cela posé, je pourrais faire la proportion suivante, que donnent les triangles semblables

$$ECD : EFG :: \overline{ED^2} : \overline{EG^2}$$

d'où l'on tirerait

$$EG = \sqrt{\dfrac{\overline{ED^2} \times \overline{EFG}}{ECD}}$$

et substituant des chiffres aux lettres, faire les calculs indiqués par cette formule; mais on retomberait dans les complications que je veux écarter. Je dirai tout simplement : ajoutez 998^m carrés, valeur du triangle d'emprunt, au tiers $25^a,60$ de la surface à partager, et multipliez leur somme 3558 par 19881, valeur du carré du côté DE, et divisez ce produit 70736598 par la surface $86^a,78$ du triangle total; le quotient 8151 sera la valeur du carré EH, terme qui précède le radical; tirez la racine carrée de cette somme 81,51, cette racine 90,2 sera la distance EH, et si l'on retranche $55^m,88$, valeur EA, de cette somme 90,2, le reste $34^m,32$ sera la distance EH.

Pour avoir la distance EI de la deuxième partie, établissez cette autre proportion analogue à la première :

$$ECD : EHI :: \overline{ED^2} : \overline{EI^2}$$

fig. 126.

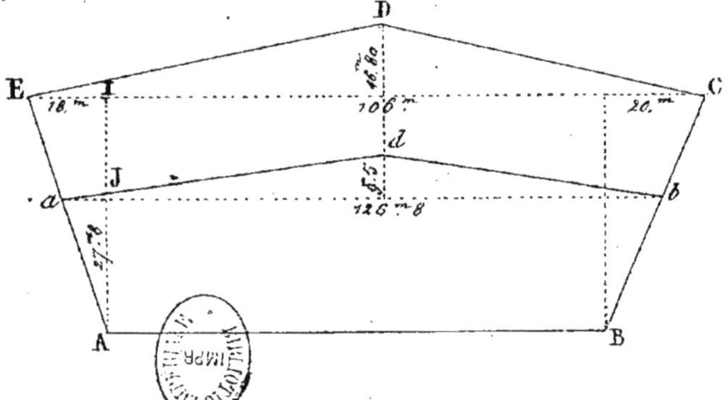

en substituant :

$$8676 : 611,8 :: 19881 : \overline{EI}^2 = 14018^m$$

tirant la racine carrée de ce quatrième terme 14018, cette racine 118^m sera la distance EI; retranchant 81^m,51, valeur de EF, de cette somme 118, la différence 36^m,49 sera la valeur de EI.

Si des obstacles quelconques se présentaient pour le tracé des parallèles FG, HI de division, on obtiendrait les dimensions de BF, en procédant comme pour le côté DE.

Problème 126.

Partager le polygone ABCDE *en deux parties égales par une ligne brisée a b d et de manière que les deux parties soient des polygones proportionnels, c'est-à-dire que la ligne de division fasse, avec la parallèle a b, un triangle a b d dont la surface soit moitié de celle du triangle* C D E (fig. 126).

Après avoir calculé la surface de ce polygone qui est de 74^a,60, dont la moitié, pour chaque portion, est de 37^a,30, je raisonne ainsi : puisque la valeur du triangle adb doit être de 6^a,05, demi-surface du triangle C D E, je retranche cette quantité de 37^a,30, moitié de la surface à partager, et je divise le reste 31^a,25, par 25^m, moitié de la hauteur A l; ensuite je multiplie le quotient 125 par la différence 38^m des parallèles AB, CE, puis j'ajoute le produit 4750^m au carré 11236 de la ligne AB, et tirant la racine carrée 126,8 de leur somme 15986, cette racine exprime la longueur de la ligne d'opération ab.

Pour avoir la hauteur de AJ, je divise 31^a,25, valeur de la partie désignée par la demi-somme 116^m,4 des parallèles AB, ab; le quotient 27^m,8 exprimera la hauteur AJ à prendre de A vers I, pour déterminer la position de la ligne d'opération ab.

Enfin, divisant 6^a,05, surface que doit avoir le triangle abd par 63,4, moitié de sa base ab; le quotient 9^m,5 sera la hauteur de ce triangle; menant la ligne brisée adb, le problème se trouve résolu dans le sens de son énoncé.

Problème 127.

Partager le polygone ABCDEF *en deux parties égales et de même proportion par une ligne brisée* aob (fig. 127).

Après avoir calculé la surface de ce polygone qui est de 81^a,80 dont la moitié, pour chaque partie, est de 40^a,90, j'ajoute 6^a,28, valeur du triangle DEF, à la moitié de la surface du polygone à partager; de leur somme 47^a,18, je retranche 9^a,65, moitié de la valeur des triangles DEF, ABC, puis

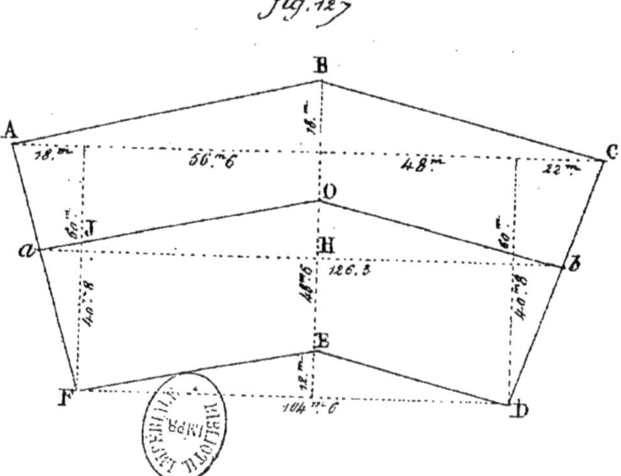

fig. 127
B
A
C
18.m
56.m6
48.m
22.m
O
a
J
60.m
H
b
60.m
126.5
40.m8
40.m8
4.m5
E
F
12.m
D
104.m6

je divise la différence 37,53 par 30, moitié de FG ;
je multiplie ensuite le résultat 125^m,1 par 40, différence des parallèles FD, AC, et j'ajoute leurs
produits 50004,1 au carré 10941,16 de la ligne FD ;
enfin de la somme 15945,26 de ces deux quantités, j'extrais la racine carrée 126,3 qui est l'expression de la longueur de la ligne ab.

Je détermine la hauteur FJ en divisant 47,18,
valeur du trapèze DF, ab, par 115,5, moitié de
la somme des parallèles DF, ab ; le quotient 40,8
sera la hauteur qu'il faut prendre de F vers J,
pour déterminer la jonction de la parallèle ab.

Enfin le triangle aob devant être de 9^a,65,
moitié de la somme des triangles DFE, ABC, on
aura la hauteur HO en divisant cette somme 9^a,65
par 63,1, moitié de la parallèle ab ; le quotient
152 sera la hauteur HO cherchée.

fig. 1ère

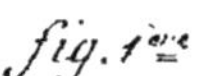

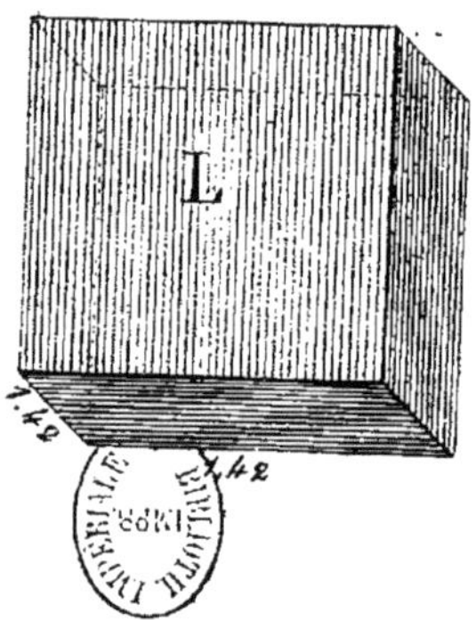

MESURE DU VOLUME DES CORPS.

DU CUBE.

La solidité du cube est égale à la surface de la base multipliée par la hauteur, ou, ce qui revient au même, est égale au produit des trois dimensions (fig. 1re).

Application.

Soit un cube L dont les dimensions, longueur, largeur, hauteur ou épaisseur ont chacune 1^m,42.

On aura pour la surface de la base $1,42 \times 1,42 = 2^m,02^d$ carrés qui, multipliés par 1^m,42, donnent 2^m,868^d cubes pour la solidité du cube proposé.

10.

DU PRISME.

La solidité du prisme est égale à la surface d'une de ses bases multipliée par la hauteur (fig. 2).

Application.

On demande la solidité du prisme triangulaire M, ayant pour base un triangle de 3^m,20 de base et de 2^m,50 de hauteur. La hauteur du prisme étant de 7^m,40.

La surface du triangle de base sera de :

$$\frac{3,20 \times 2,50}{2} = 4,00.$$

La solidité du prisme sera de 4^m,00, surface de la base, multipliés par 7^m,40 = 29^m,60 cubes.

Remarque. — Si la perpendiculaire abaissée du sommet du prisme tombait sur le plan prolongé de la base, on n'en opérerait pas moins pour avoir la solidité, comme on l'a fait à l'égard du prisme droit.

DU CYLINDRE.

La solidité du cylindre droit ou oblique est égale à la surface de sa base multipliée par sa hauteur (fig. 3).

fig.2.

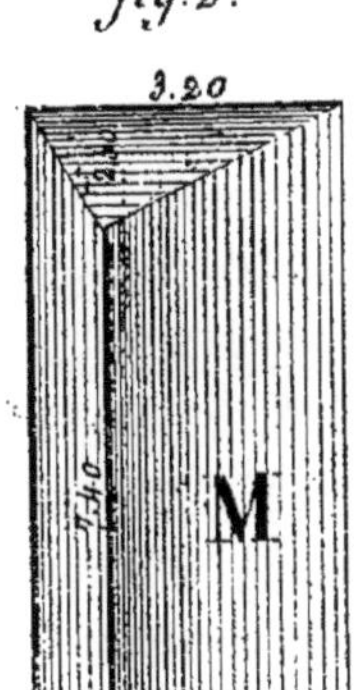

fig.3.

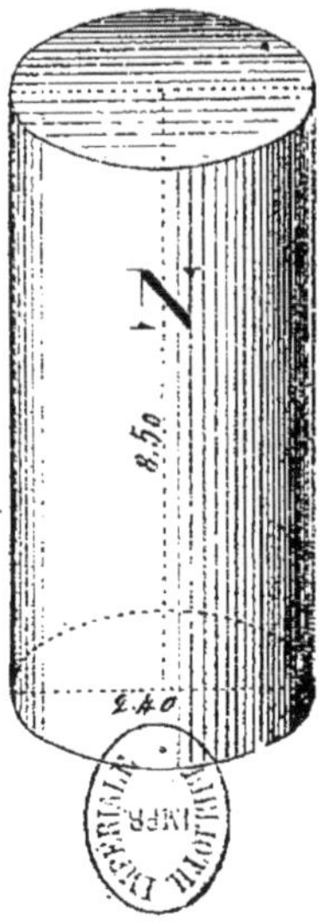

fig.4.

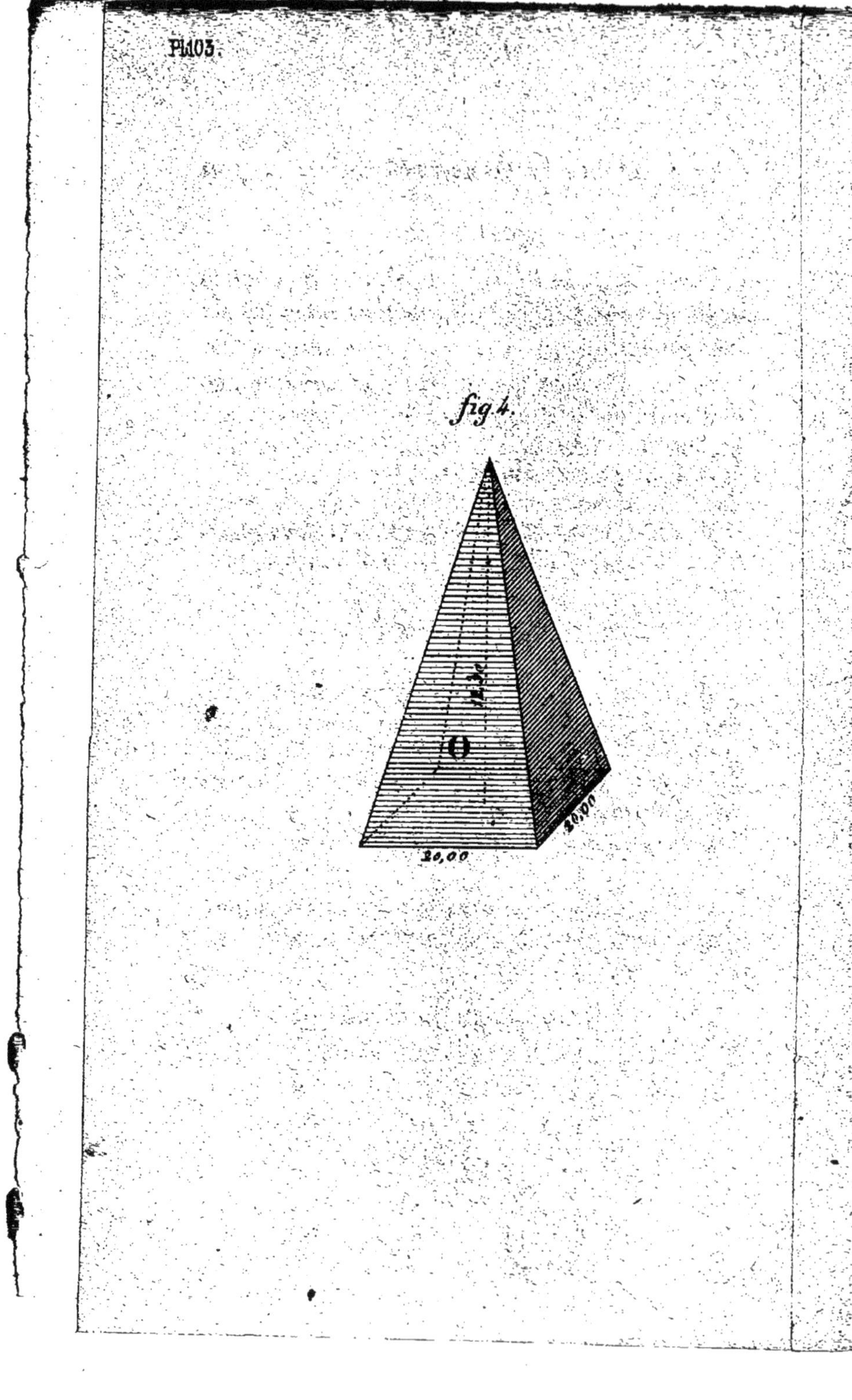

Application.

On demande la solidité du cylindre N, dont la hauteur est de 8^m,50^c, et le diamètre du cercle de base de 2^m,40^c.

Si l'on élève le rayon 1^m,20^c au carré et que l'on multiplie le résultat par 3^m,14^c, rapport approché du diamètre à la circonférence, on aura la surface du cercle de base.

1^m,20 × 1^m,20 × 3^m,14 = 4^m,52^d carrés × 8^m, 50 = 38^m,420^d cubes, solidité du cylindre N, proposé.

DE LA PYRAMIDE.

La solidité de la pyramide est égale à la surface de la base multipliée par le tiers de la hauteur perpendiculaire (fig. 4).

Application.

Quel serait le volume de la pyramide quadrangulaire dont la base serait de 20^m carrés et la hauteur de 12^m,30?

20 × 4,10 = 82^m cubes.

DU CONE.

La solidité du cône est égale à la surface de la base multipliée par le tiers de la hauteur perpendiculaire (fig. 5).

Application.

On demande la solidité du cône P, de $24^m,50$ carrés de base, et de $7^m,80$ de hauteur. La solidité du cône $= 24^m,50 \times 2^m,60 = 63^m,700$ cubes.

DE LA SPHÈRE.

La solidité de la sphère est égale à la surface de cette sphère multipliée [par le tiers du rayon (fig. 6).

Application.

On demande la solidité d'une sphère Q de 4^m, 32 de diamètre.

La surface d'un grand cercle de cette sphère égalera le carré du rayon de ce grand cercle multiplié par $3^m,14 = 14^m,64$ carrés.

En effet, $2,16 \times 2,16 \times 3,14 = 14,649$ ·

Comme la surface de la sphère est quadruple de celle d'un de ses grands cercles, si l'on multiplie

fig. 5.

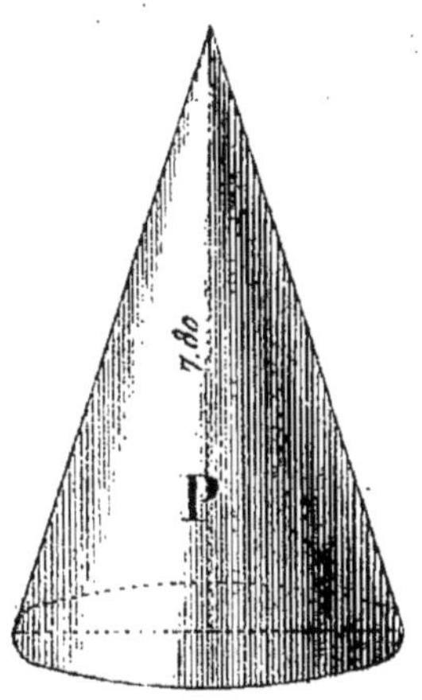

fig. 6.

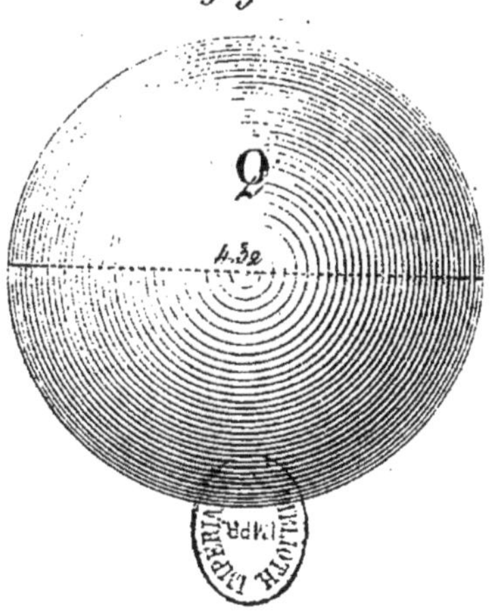

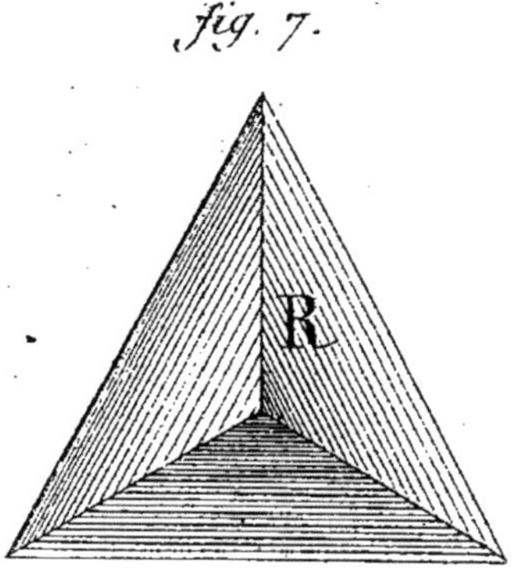

fig. 7.

cette dernière quantité 14^m,649^d par 4, le résultat 58^m,596 exprimera la surface totale de la sphère; enfin si on multiplie 58,596^d par 0,72, tiers de 2^m,16, valeur du rayon, on aura pour la solidité de la sphère 42^m,189 cubes.

POLYÈDRES RÉGULIERS.

DU TÉTRAÈDRE.

La solidité du tétraèdre, et en général de tous les polyèdres réguliers, est égale à la somme des surfaces qu'il présente par le tiers de son rayon. (fig. 7).

Application.

Soit proposé de déterminer la solidité du tétraèdre R, dont chaque face présente un triangle de 2^m,44^d de surface.

$$2^m,44 \times 4 = 9^m,760 \text{ cubes.}$$

Si l'on avait à déterminer la solidité d'un corps irrégulier quelconque comme une pierre, un fagot, etc., on prendrait un vase d'une grandeur relative à l'objet à mesurer, on l'emplirait d'eau, puis on y plongerait le corps dont on voudrait connaître le volume : l'eau qui s'en échapperait indiquerait la solidité du corps immergé.

APPLICATIONS DIVERSES.

CUBATURE DES BOIS ÉQUARRIS ET EN GRUME.

On propose de déterminer le volume d'une pièce de bois équarrie à vives arêtes, ayant mêmes dimensions dans toute son étendue (fig. *a*).

Ce volume est égal à la surface d'une de ses extrémités, prise pour base, multipliée par la longueur de la pièce.

Application.

Soit une poutre de $13^m,20$ de longueur sur $0^m,28$ de largeur et $0^m,20$ d'épaisseur, on aura : $0^m,28 \times 0^m,20 \times 13^m,20 = 7^m,39^d$ cubes, 200^c cubes.

Si les deux extrémités de la pièce à mesurer avaient un équarrissage différent, ce qui a lieu très-souvent, on ferait séparément la surface de chacune des extrémités que l'on ajouterait ensemble, et l'on prendrait la moitié de leur somme que l'on multiplierait par la longueur de la pièce.

fig. a.

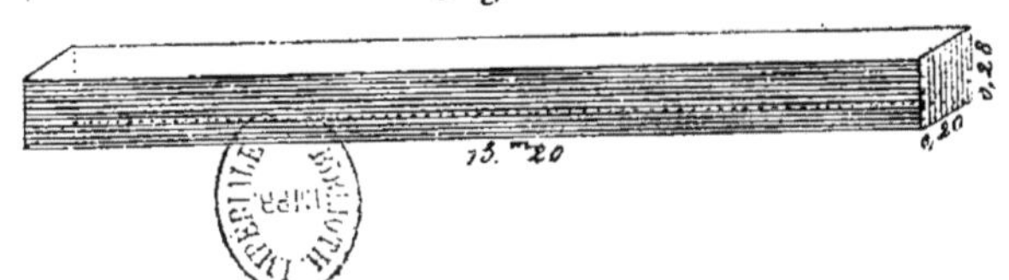

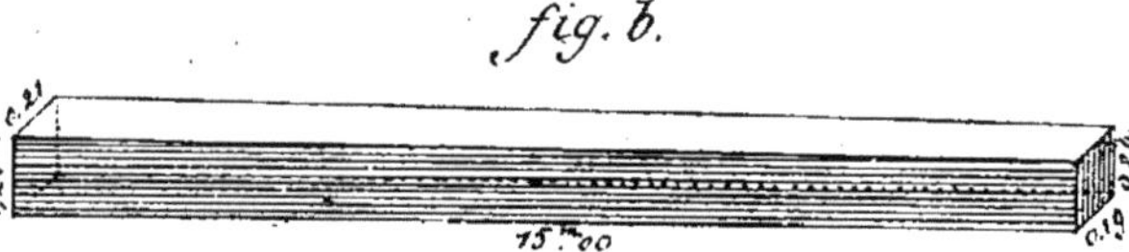
fig. b.
15.m00

Soit une pièce de bois de la longueur de 15ᵐ dont les extrémités ont : l'une 0,26 de largeur sur 0,21 d'épaisseur, et l'autre 0,24 sur 0,19 (fig. *b*)

$$0,26 \times 0,21 = 0,546$$
$$0,24 \times 0,19 = 0,456$$

Leur somme...... 1,002
Leur demi-somme. $0,501 \times 15 = 7^{m},515^{d}$ cubes.

Autre procédé.

En prenant au milieu de la pièce l'équarrissage moyen que l'on multiplierait par la longueur, on pourrait se dispenser de faire la somme des bases; nous engageons même à employer ce dernier moyen comme étant plus expéditif que le premier et donnant le même résultat.

Soit proposé d'évaluer la solidité d'une planche ou volige ayant $3^{m},20$ de longueur sur $0^{m},18$ de largeur et $0^{m},02$ d'épaisseur.

Opération.

$$3,20 \times 0,18 \times 0,02 = 11^{d}\,^{c},520 \text{ cubes.}$$

Soit proposé d'évaluer la solidité d'une pile de bois de moule, longue de $92^{m},40$, haute de $12^{m},20$,

les bûches formant l'épaisseur de la pile ayant
1ᵐ,16 de longueur (fig. *c*).

Opération.

$$92,40 \times 12,20 \times 1,16 = 1307^{\text{stères}},644$$

Quelle serait la capacité d'une citerne longue
de 4ᵐ,20, large de 3ᵐ,60 et profonde de 1ᵐ,90
(fig. *d*)?

Opération.

$$4,20 \times 3,60 \times 1,90 = 28,728 \text{ cubes.}$$

On demande le volume de maçonnerie des **quatre murs** d'un jardin d'une longueur développée
de 142ᵐ,75, de 1ᵐ,70 de hauteur et de 0ᵐ,65 d'é-
paisseur, l'entrée présentant une lacune de 4ᵐ,50
(fig. *e*).

Opération.

$$142,75 \times 1,70 \times 0,65 = 157,739 \text{ cubes.}$$
$$-4,50 \times 1,70 \times 0,65 = \quad 4,972 \text{ cub. p}^{\text{r}} \text{ la lacune.}$$

Reste p^{r} le vol. réel. 152,767 cubes.

Soit proposé de déterminer le cube de maçonnerie d'un pignon dont le mur de soubassement
a 8ᵐ,20 d'assiette, 12ᵐ,40 d'élévation, celui du

fig. c.

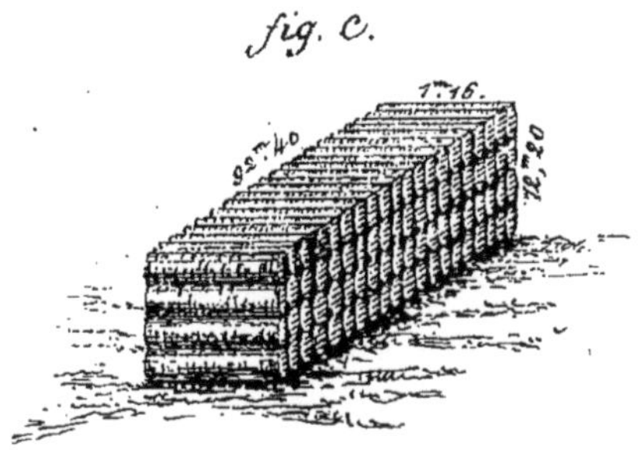

fig. d.

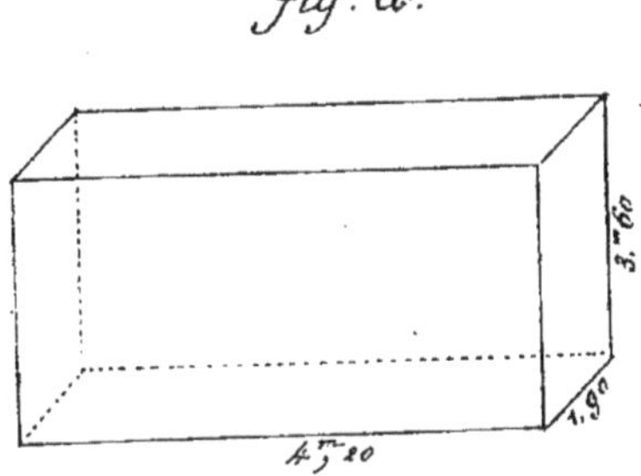

fig. e.

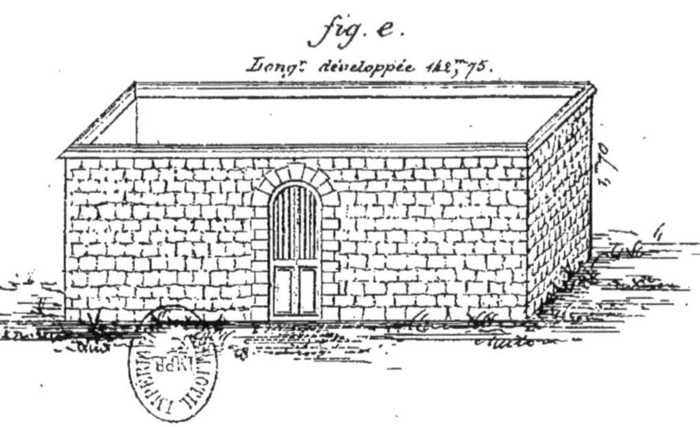

fig. f.

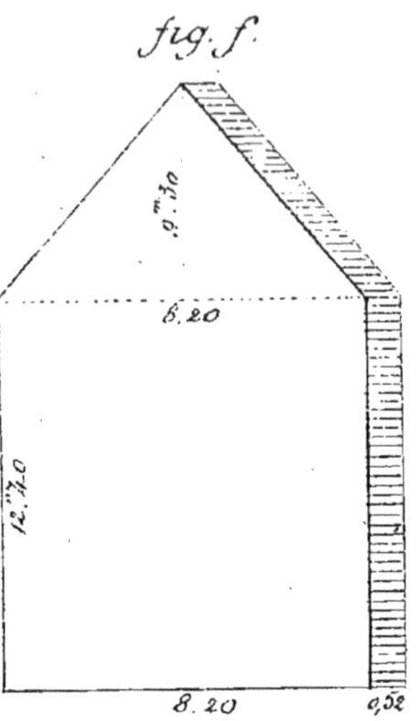

fig. g.

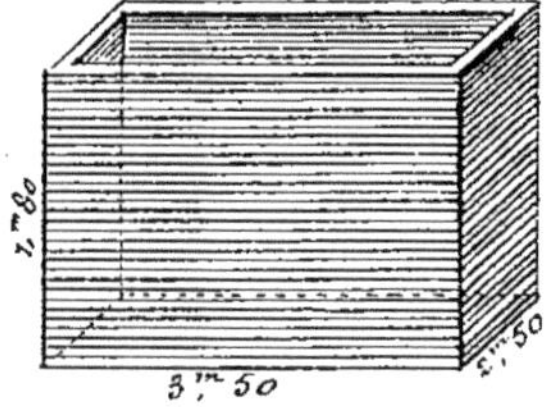

fig. h.

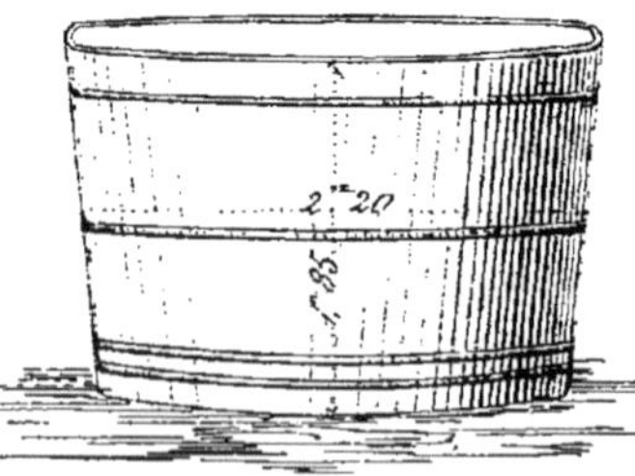

triangle même dimension, à sa base 9ᵐ,30 de hauteur triangulaire ; l'épaisseur du mur étant de 0ᵐ,52 (fig. *f*).

Opération.

$$8,20 \times 12,40 \times 0,52 = 52,874 \text{ cubes.}$$
$$8,20 \times \frac{9,30}{2} \times 0,52 = 19,828$$

Ensemble....... 72,702 cubes.

On demande la capacité d'une cuve en pierre ayant les dimensions suivantes : 3ᵐ,20 de longueur, 2ᵐ,50 de largeur et 1ᵐ,80 de profondeur (fig. *g*).

Opération.

$$3,20 \times 2,50 \times 1,80 = 14,400 \text{ cubes.}$$

Soit proposé d'évaluer la capacité d'une cuve en planches dont le diamètre moyen, pris au milieu de la hauteur de la cuve, est de 2,ᵐ20 ; la hauteur étant de 1ᵐ,85 (fig. *h*).

Opération.

$1,10 \times 1,10 \times 3,14 = 3,799$ cubes, surface moyenne prise au milieu de la hauteur, quantité qui, multipliée par la hauteur $1,85 = 7,028,890$ cubes, ou 7029 litres.

11

Remarque. Ce procédé, qui est un moyen pratique, ne donnant que des différences insensibles, pourra être employé avec avantage pour la cubature des solides se trouvant dans des conditions semblables.

On demande combien un puits de $1^m,28$ de diamètre et de $22^m,50$ de profondeur contiendrait d'hectolitres d'eau (fig. *i*).

Opération.

$$0,64 \times 0,64 \times 3,14 \times 22,50 = 28,938 \text{ cubes,}$$
ou $289^h,38$

On se rappelle que la surface du cercle est égale au carré du rayon multiplié par le nombre constant $3,14$.

Quel serait le volume d'un arbre en grume de $2^m,198^{mil}$ de circonférence moyenne et de $16^m,30$ de longueur (fig. *j*).

Pour obtenir le diamètre, et par suite le rayon d'un cercle, on divise la circonférence par $3,14$; le quotient, ou résultat de la division, exprime le diamètre.

Opération.

$\dfrac{2,198}{3,14} = 0,70$, dont la moitié, $0,35$, exprimera la valeur du rayon ;

fig. 7.

fig. J.

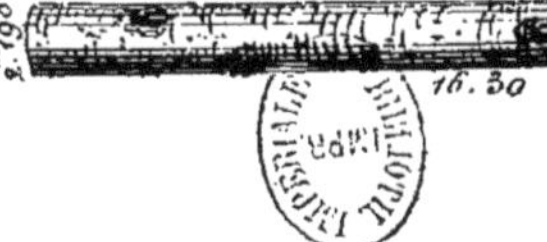

Pl. 111.

fig. k.

16 m 30

On aura : 0,35×0,35 × 3,14 × 16,30 = 6,70 cub. pour le volume de la pièce de bois proposée.

Autre procédé.

L'expérience a fait connaître que la circonférence moyenne (celle du milieu de la longueur d'un tronc d'arbre) multipliée par le quart du diamètre, et dont le résultat était multiplié par la longueur du tronc, en exprimait le cube.

Soit proposé de déterminer, d'après ce procédé, le volume d'une pièce de bois de 16ᵐ,30 de longueur et d'une circonférence moyenne de 2ᵐ,20 (fig. *k*).

Opération.

Le diamètre d'une circonférence de 2ᵐ,20 = 0,70ᶜ, dont le quart, 17ᶜ,5, multiplié par 2ᵐ,20 = 0,38,50 ; multipliant cette dernière quantité par 16ᵐ,30, longueur de la pièce de bois, le résultat, 6ᵐ,275 cubes, exprimera le volume de cette pièce.

Il existe un procédé pour ramener les bois en grume au volume des bois équarris ; ce procédé fait connaître le rapport qui existe entre une pièce recouverte de son aubier et une autre équarrie à vive arête.

L'observation a fait connaître aussi que la différence entre deux pièces de bois de même volume, l'une en grume et l'autre équarrie, était d'un cinquième.

Voici ce procédé : Après avoir déterminé la circonférence moyenne, comme dans les problèmes précédents, on en prend le cinquième, qu'on élève au carré, puis on multiplie le résultat par la longueur de la pièce ; ce produit exprime le volume de cette pièce en grume, supposée équarrie. Nous allons donner une application de ce procédé.

Un arbre en grume a $2^m,60$ de circonférence moyenne et 20 mètres de longueur : on désire connaître le volume de cet arbre amené à l'état d'équarrissage (fig. l).

Opération.

$$\frac{2,60}{5} = 0,52 \times 0,52 = 0,27 \text{ décim. carrés qui, mul-}$$

tipliés par 20 mètres, longueur de la pièce de bois, $= 5^m,400$ cubes pour le volume du bois équarri qu'on pourrait obtenir de la pièce proposée.

On demande de déterminer le cube de la maçonnerie d'une tour de $6^m,20$ de diamètre intérieur, de $7^m,50^d$ extér. et de $15^m,20$ de hauteur (fig. m).

Opération.

$3,10 \times 3,10 \times 3,14 = 30,18$ carrés, surface du cercle intérieur de la tour.
$3,75 \times 3,75 \times 3,14 = 44,16$, surf. du cercle extér.

Différence... $\overline{13,98}$, base du mur de la tour.

fig. l.

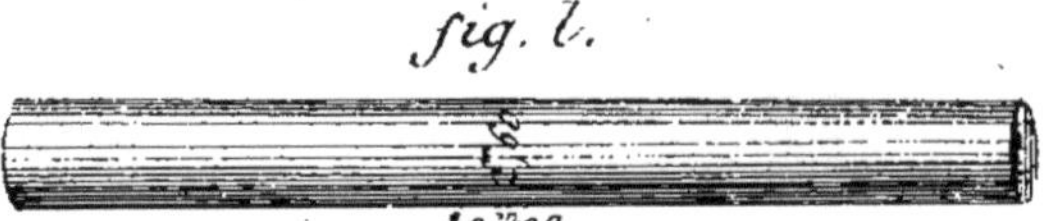

20.ᵐ00

fig. m.

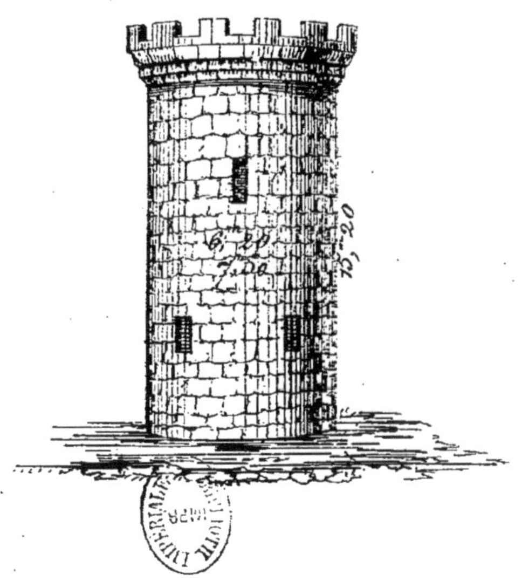

fig. N.

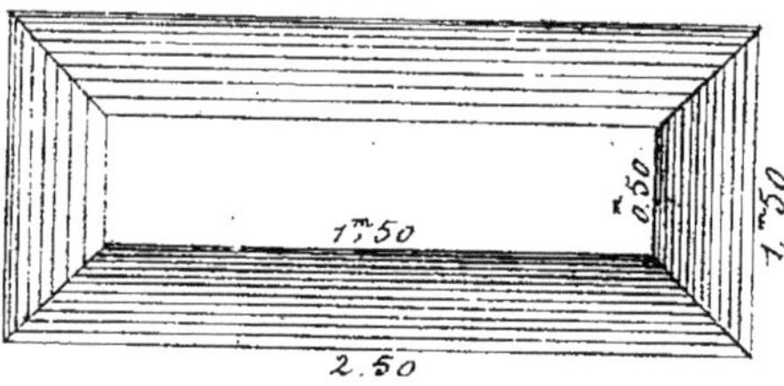

fig. O.

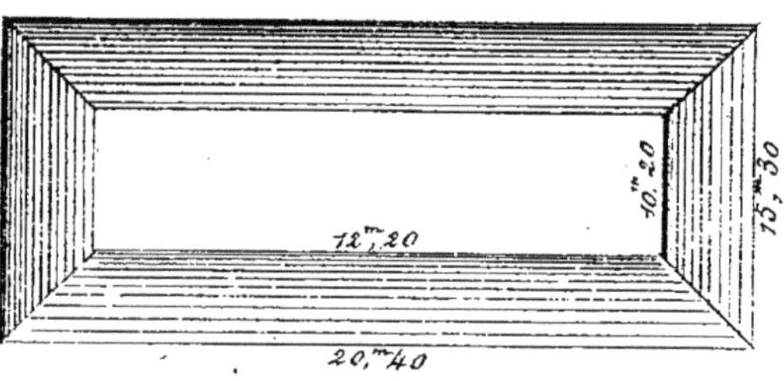

Multipliant cette quantité 13^m,98 par 15^m,20, on obtient 212^m,496 décim. cubes pour le volume de la maçonnerie de la tour proposée.

Soit proposé d'évaluer le volume d'un tas de cailloux ayant 2^m,50 de longueur sur 1^m,50 de largeur à la base inférieure, 1^m,50 sur 0^m,50 à la base supérieure et 0^m,50 de hauteur (fig. n).

Opération.

$$\frac{2,50+1,50}{2}=2\times\frac{1,50+0,50}{2}=1\times0,50=1,00 \text{ cube.}$$

$$\text{ou } 2\times1\times0,50=1$$

Soit proposé de déterminer le volume d'un tas de marne ayant 20^m,40 de longueur sur 15^m,30 de largeur à la base inférieure, 12^m,20 sur 10^m,20 à la base supérieure et 4^m,20 de hauteur (fig. o).

Opération.

$$\frac{20,40+12,20}{2}=16,30\times\frac{15,30+10,20}{2}=12,75\times4,20=$$
872,865.

$$\text{ou } 16,30\times12,75\times4,20=872,865 \text{ cubes.}$$

On demande le cube des déblais d'une partie de canal AB, longue de 250 mètres, large de 10^m,20 au niveau du sol, large, au fond de 8^m,80, ayant 2^m,60 de profondeur, sachant que le foisonnement des terres déblayées est d'un vingtième. (fig. *p*).

Opération.

$$250 \times \frac{10,20 + 8,80}{2} \times 2,60 = 6175 \text{ m. cubes.}$$

ou 250×9,50×2,60 = 6175 mètres cubes. Si à cette quantité on ajoute le vingtième de son volume, ou 308^m,750 cubes, on aura 6483^m,750 cub.

Quel serait le volume d'une voûte plein-cintre ayant 8^m,90 de rayon intérieur et 10 mètres de rayon extérieur, la longueur de la voûte étant de 25^m,40 (fig. *q*).

Opération.

La somme des deux rayons étant de 18^m,90, leur demi-somme sera 9^m,45 pour le rayon moyen; multipliant cette dernière quantité par le nombre 3,14, on aura, pour la demi-circonférence moyenne, 29^m,67; faisant la différence des deux rayons, on aura 1^m,10 pour l'épaisseur de la voûte; multipliant cette différence, 1^m,10, par 29^m,67, on aura 32^m,64^d carrés pour la surface de la voûte, enfin cette surface par la longueur 25^m,40, on aura 829^m,056 cubes pour le volume de la voûte proposée.

fig. p.

fig. q.

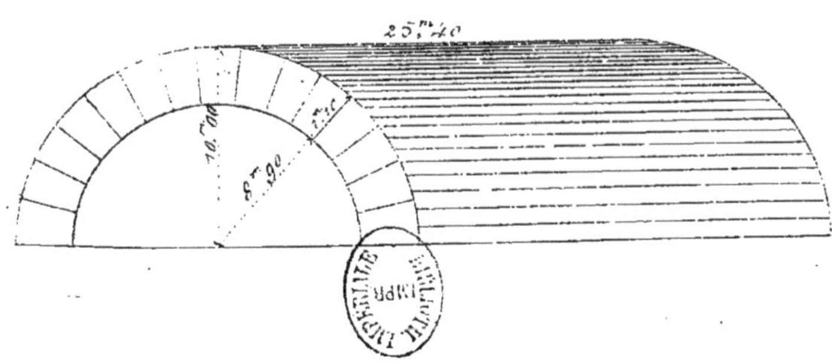

fig. 1.ʳᵉ

8.

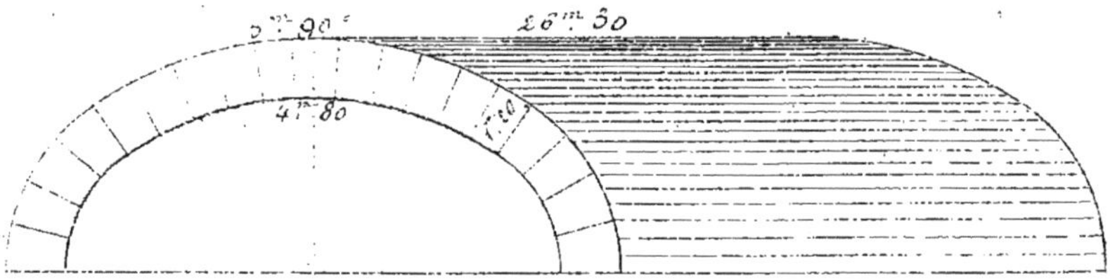

Déterminer le volume d'une voûte surbaissée ayant 4^m,80 de courbe intérieure, 5^m,90 de courbe extérieure, d'une épaisseur de 1^m,20 et d'une longueur de 26^m,30 (fig. 7).

Opération.

La somme des deux courbes est de 10^m,70, leur demi-somme de 5^m,35 ; multipliant cette dernière quantité par l'épaisseur 1^m,20, on aura 6^m,42 pour la surface de l'anse de panier, cintre de la voûte ; enfin, en multipliant cette surface 6^m,42 par la longueur 26^m,30, on aura 168^m,846 décim. cubes pour le volume de la voûte surbaissée.

Déterminer la capacité du tonneau S dont le diamètre du bouge est de 0^m,54, celui des extrémités 0,45 et la longueur de 0^m,85.

Nous suivrons, à cet égard la méthode des employés de la régie, qui nous paraît la plus simple et la plus expéditive ; nous doublerons 0^m,54, ce qui donnera 1^m,08 que nous ajouterons au diamètre 0^m,45, et nous aurons 1^m,53, dont le tiers est de 0^m,51, et nous en prendrons la moitié qui est 0^m,255 décim. cubes ou 255 litres pour la capacité du tonneau proposé.

FIN.

TABLE.

-oo-

NOTIONS PRÉLIMINAIRES.

MESURE DES SURFACES PLANES.

SURFACES DES POLYGONES.

GÉODÉSIE.

PREMIÈRE PARTIE.

OPÉRATIONS GRAPHIQUES.

SECONDE PARTIE.

SOLUTIONS PAR LES MESURES NATURELLES.

MESURE DU VOLUME DES CORPS.

POLYÈDRES RÉGULIERS.

APPLICATIONS DIVERSES.

Paris. — Imp. BAILLY, DIVRY et Cᵉ, place Sorbonne, 2.

Imp. Bailly, Divry et Ce, place Sorbonne, 2.